航空探索
那些奇怪的飞行器

赵云鹏 著

机械工业出版社
CHINA MACHINE PRESS

本书自1903年起展开论述，讲到现代航空科技的辉煌成就，全面展现了人类对于飞行器的无畏探索与实践。在航空科技理论尚不成熟的年代，没有计算机、数字化控制系统，也缺乏精确风洞测试与坚实的理论基础，但人们对飞翔的渴望与战争的紧迫需求推动了航空科技的迅猛发展。从飞天之路的初步探索，到战斗机的演变，再到各种特殊、看似怪异的飞行器如雨后春笋般涌现，本书生动详尽地记录了这一波澜壮阔的历程。它不仅带领读者穿越回那个充满挑战与机遇的时代，更展现了现代航空科技的无限魅力与广阔前景。

图书在版编目（CIP）数据

那些奇怪的飞行器：航空探索 / 赵云鹏著.
北京：机械工业出版社，2025.6. -- ISBN 978-7-111-78681-8

Ⅰ.V2-091
中国国家版本馆CIP数据核字第2025EL8212号

机械工业出版社（北京市百万庄大街22号 邮政编码100037）
策划编辑：韩伟喆　　　　　　责任编辑：韩伟喆
责任校对：韩佳欣　陈　越　　责任印制：单爱军
北京华联印刷有限公司印刷
2025年8月第1版第1次印刷
169mm×239mm・11.5印张・135千字
标准书号：ISBN 978-7-111-78681-8
定价：89.00元

电话服务　　　　　　　　　　网络服务
客服电话：010-88361066　　　机 工 官 网：www.cmpbook.com
　　　　　010-88379833　　　机 工 官 博：weibo.com/cmp1952
　　　　　010-68326294　　　金 书 网：www.golden-book.com
封底无防伪标均为盗版　　机工教育服务网：www.cmpedu.com

赵云鹏同志长期关注军事装备发展与研究，理论与实践相结合，切合实际并有个人的独特思考与总结。

其电脑绘画艺术形象逼真，具有较高的收藏价值，对于各式军事装备的艺术化理解和表现达到了一个较高的程度。这本书文字深入浅出，老少咸宜，是不可多得的优秀科普佳作。相关军事装备理论研究视角刁钻，辩证思维逻辑清晰，数据准确。尤其对装备史及装备对于战争战术的应用理解颇有独到见解。

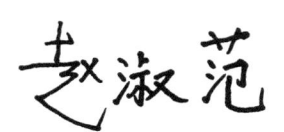

赵淑范

原航空工业部
派驻成都发动机公司质量代表
高级工程师

前 言

如今的我们已经可以从各种途径了解许多世界知名战机，比如随着各种规模航空航天博览会越来越多地成功举办，人们尽可在博览会上一睹现代战机的风采，从中学习航空知识。

很多航空爱好者对世界各国各时期先进战机耳熟能详，如美国 F 系列战斗机，苏联/俄罗斯米格、苏霍伊、雅克系列战机，法国阵风及欧洲台风战斗机等。在现代先进战斗机劲舞蓝天之时，各国对第六代乃至更先进战机的研发脚步也一刻未停。探索科学与未知，追求先进永远是全人类的共同目标。人们至今难以忘怀 1989 年苏联代表团携苏-27 战斗机以"普加乔夫眼镜蛇机动"惊艳巴黎航展，没有忘记 1991 年"海湾战争"中多国部队从空中对伊拉克军队的狂轰滥炸，更不会忘记 2000 年法航协和式客机的惨烈空难。外形犀利的 F-15 战斗机，优雅漂亮的"幻影 2000"战斗机，如蝶如梦的苏-27 战斗机，飞翼布局的 B-2 轰炸机，这些飞机都是各国响当当的明星战机，亦为各国空军战斗力的保障。

科技发展并非一蹴而就。从 1903 年美国莱特兄弟的"飞行者一号"首次进行动力飞行至今不过百余年，如今各国航空科技发展已经达到了一个崭新的高度。而探索的道路，伴随着危险与未知。20 世纪上半叶，在那个没有先进计算机与数字飞控的时代，失败的风险极大，但正是经过了一次次的挫折与探索，航空科技者才拼搏出一条正确的道路。

上述所提到的先进战机皆为在航空爱好者当中知名度较高的型号，但先进战机的诞生和研发有着异常曲折的过程，这期间更是存在着无数失败与艰辛。各航空强国在成熟战机最终进入部队服役之前，都研制过许多试验飞机，大多并不为人知，如美国 XF5U 这类怪异的飞行器、德国 P.13A 这种现在看来匪夷所思的另类战斗机等。彼时人们对流体力学、空气动力学等基础学科的掌握并不扎实，也没有进行大量科学实践，那么，那些外形怪异的飞行器是怎样进行飞行控制的，飞行性能如何？飞机怎样实现垂直起飞？这些问题亟待解决。

1982 年"英阿马岛战争"中，英国皇家海军的"海鹞"舰载战斗机以非同寻常的起降方式获得大量关注，我将讲述那些传奇的垂直起降战斗机的发展历史，还有很多奇奇怪怪的飞行器，这些都是人类航空科技进步发展的阶梯，亦为本书着重介绍的内容。

有突破、有成功、有教训、有失败，也有惊喜。让我们抽丝剥茧，回顾历史，使那些人类航空科技发展先驱逐一呈现。

本书以计算机图形设计的形式，表现各式奇怪战机的前世今生。本书有精美的插图，有趣的文字，翔实的真实历史，适合各层次、各年龄段人士阅读学习。翻开本书，让我们走进丰富多彩的航空科技世界，了解航空，追寻那些不为人知的历史。

目 录

前 言

01 飞天之路

飞行的奥秘　　002
怎样飞行　　012
简述飞机设计　　016
典型战斗机代表　　027

02 孤注一掷

战略轰炸　　040
动力机翼　　047
"燃煤"之急　　055
赎罪飞行　　061

03 原地起飞

环翼甲虫 072
EWR 集团公司的垂直起降飞机 082
"波戈"难飞 089
制海神鹰 097

04 终成正果

"鹞"式战斗机 108
"铁匠" 117
"闪电Ⅱ" 128

05 蓝天奇景

意大利"圆桶" 150
圆翼传奇 159
"飞行薄饼" 164

结语 171

那些奇怪的飞行器
航空探索

01
飞天之路

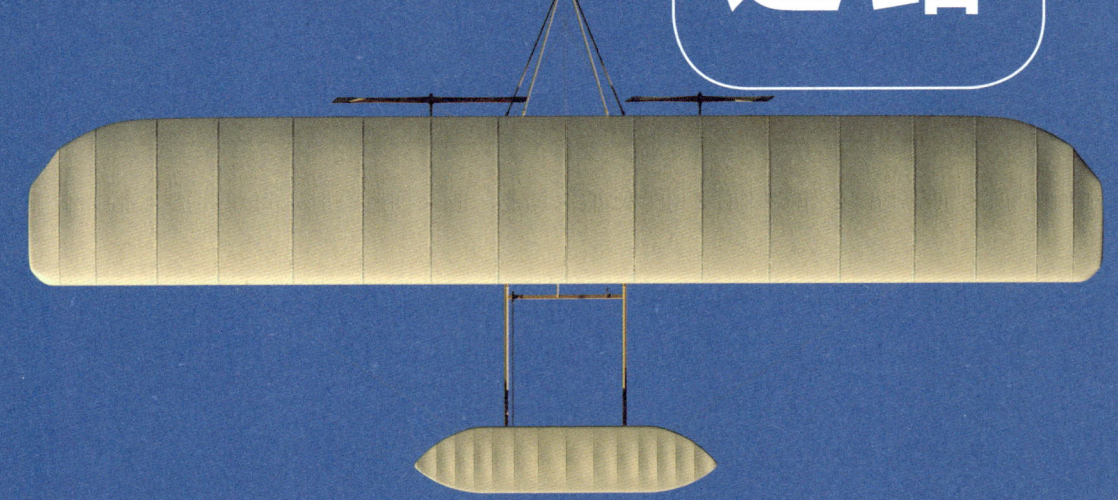

飞行的奥秘

1903年12月17日，这是人类航空史上最伟大的一天。

严冬已至，奥维尔·莱特驾驶着他和哥哥威尔伯·莱特共同设计的，人类首架带有主动动力装置的飞机——"飞行者一号"飞向蓝天。当天，首次飞行只持续了12秒，仅仅飞行了不到40米远，且速度不到11千米/时。人类第一架飞机就以这种艰难蹒跚的姿态首飞成功了，"爬"向蓝天是对这次飞行最贴切的形容词。他们驾驶的飞机异常简陋，飞行员需要趴在机身上操作，顶着凛冽的寒风，没有任何保护装置，而螺旋桨就在其身后快速旋转，"催促"着飞行员前进。"飞行者一号"为前置升降舵双层机翼设计，装备一台12马力（1马力≈0.735千瓦）汽油发动机，以链条驱动用云杉木制成的螺旋桨，其驱动方式与摩托车无异。现如今来看，这架飞机没有一点现代飞行器的模样，但这就是人类首架有动力飞机，是飞机的始祖。在几次飞行后，"飞行者一号"遭到损坏。当时美国政府和媒体还对此次飞行抱有怀疑态度，甚至有些非议和不重视，但毋庸置疑，1903年12月17日是人类航空史上最伟大的一天，莱特兄弟完成了几乎不可能完成的任务，首架有人主动控制、装有发动机的飞机飞向蓝天。奥维尔·莱特和威尔伯·莱特这对兄弟的大名流传至今，有关他们的事迹被反复传颂，可以说，莱特兄弟就是飞机发明者的代名词。

"飞行者一号"之所以被称为伟大的发明，是因为它是人类首架具有主动动力装置的飞行器，"飞机"一词就此名正言顺。飞机，顾名思义就是飞行的

飞行者一号

机器，"飞行者一号"就是一架可以不那么纯粹地依靠风能而使用自身动力进行飞行的飞行器。在莱特兄弟成功飞行之前，人类对于飞上蓝天的梦想从未停止，莱特兄弟总结了前人大量实践经验，加上自身的努力，最终获得成功。科技的发展没有跨越，更不存在一步登天，都是在海量的积累和无数的奋斗之后，才收获成果。

人类对于航空飞行最早探索的时间已经无证可考，很多小朋友都玩过风筝、竹蜻蜓等玩具，那些玩具可以说是人类制造发明的最早的飞行器。风筝的历史可追溯到 2000 多年前的我国春秋时期，传说是由我国著名墨家学派创始人墨翟发明。根据记载，最初的风筝被称为鹞或鸢，相传墨翟研究了三年时间终于制造出了鹞，但是放飞那天就失败了。还有更神奇的记载，鲁班发明了一个像鸟一样的东西，飞了三天三夜都没有落地。当然，这明显是后人

那些奇怪的飞行器：航空探索

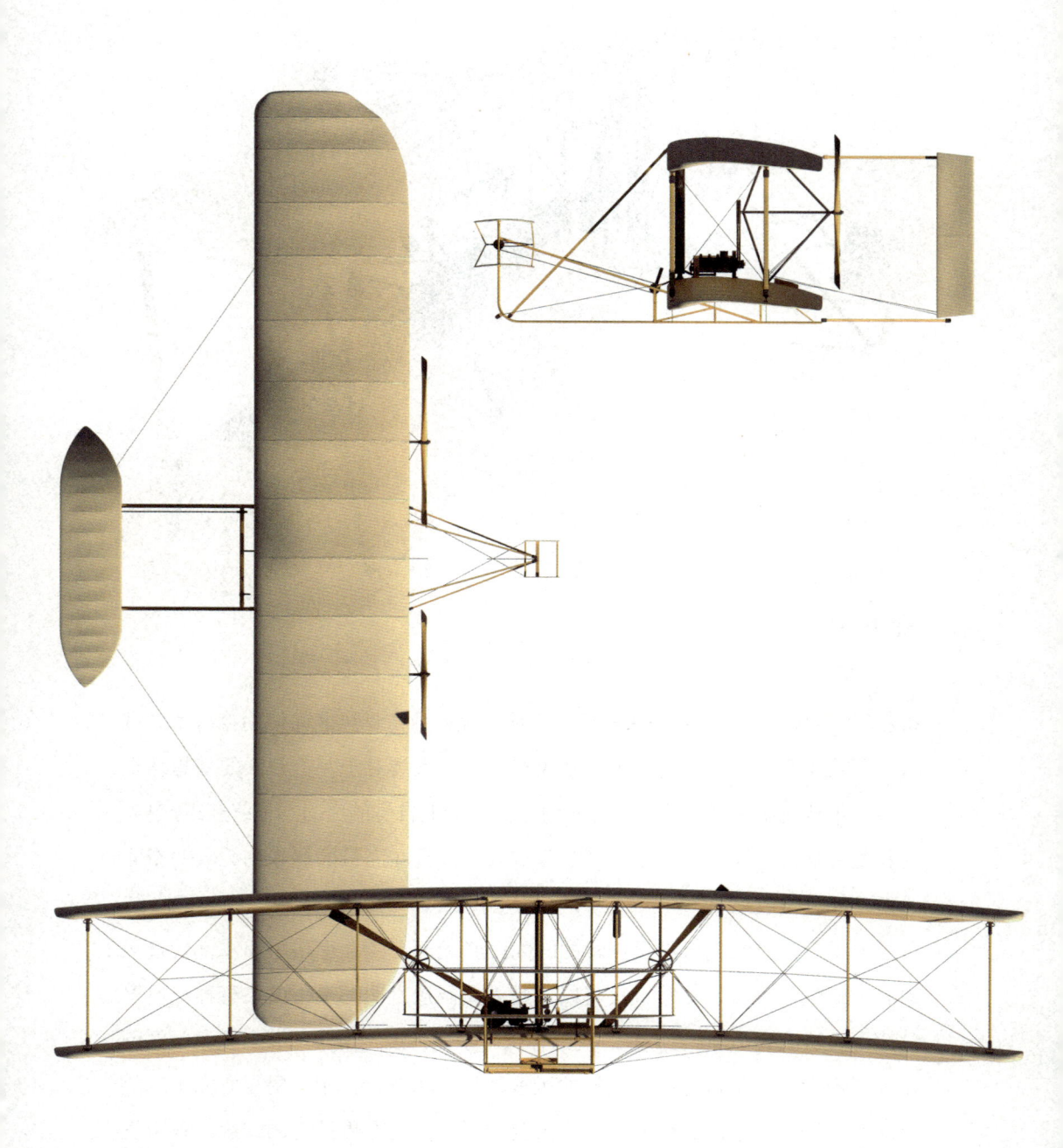

"飞行者一号"外观图

004

的杜撰和夸大。真实的历史已经无法考证，但还是要赞扬我们祖先积极创造的精神。有一种观点认为，墨翟在发明风筝时，最初使用木材作为风筝的骨架，但木材非常脆弱，没有韧性，所以飞行性能极差。直到东汉时期，人们使用了竹子这种弹性较强又坚硬的材料，加上纸张的发明，才有了风筝的最终形态。还有种说法，鲁班制造的"飞鸟"主要骨架材料已经换成竹子。以上的历史都可见于古籍记载，如《韩非子》《墨子》等，但仅能作为参考，相关年代、人物、材料等都没有确凿的考据。无论怎样，我国古人对于飞行的理解和实践确实走在世界前列。还有很多美丽的传说，如嫦娥奔月和万户飞天等，皆展现了古人在航空理论非常匮乏的年代对于飞上蓝天的渴望。风筝发明后虽然绝大多数时候用于娱乐观赏，但那时的人们已经了解到风是飞天

馆藏风筝实物照片

的基本要素，这对今后飞行器的发展带来了潜移默化的影响和启发。

到了我国明朝中期，出现了一种被称为"火龙出水"的武器，这种武器可以说是现代捆绑式火箭和巡航导弹的雏形。该武器造型美观优雅，精工细作，可以看出古人工匠技艺之高超。使用时，捆绑在四周的火药桶率先被点燃，其推力可使武器至少飞行1500米远，待四周火药桶内火药耗尽即刻点燃龙嘴里的火药，火药喷射的动能使龙嘴内箭矢发射，达到杀伤敌人的目的。之所以被称为"火龙出水"，是因为这种武器大范围应用于水战，点燃对方战船的同时亦可喷射箭矢杀伤软目标，在那个年代可谓是高科技武器。但还是因为史料的缺失，这种武器的实战威力已不可考，记载和史实是否吻合还有待考察研究。在我们印象中，古人的战争都是冷兵器为主，刀枪剑戟、斧钺钩叉等，但其实火药早在唐朝时期就被我国发明出来，古人使用火器攻击敌人最直接的证据是北宋时期曾公亮、丁度等合著的《武经总要》，此书中首次出现了"火药"一词。在《武经总要·前集·卷十二》中有如下描述：晋州硫黄十四两，窝黄七两，焰硝二斤半，麻茹一两，干漆一两，砒黄一两，定粉一两，竹茹一两，黄丹一两，黄蜡半两，清油一分，桐油半两，松脂一十四两，浓油一分。右以晋州硫黄、窝黄、焰硝同捣，罗砒黄、定粉、黄丹同研，干漆捣为末，竹茹、麻茹即微炒为碎末，黄蜡、松脂、清油、桐油、浓油同熬成膏。入前，药末旋旋和匀，以纸五重裹衣，以麻缚定，更别熔松脂傅之。以炮放，复有放毒药、烟球法，具火攻门。可见，北宋时期我国对于火药的制作工艺相当高超，但这仅仅是火药，与今天武器中普遍使用的炸药还有不少差距。正是因为火药的广泛应用，我国古代的武器设计制造走在了世界前列。但由于后期的历代王朝不思进取，妄自尊大，我国工业逐渐和西方工业拉开了差距。那是另一个话题，这里暂且不表。

"火龙出水"虽然能飞行，但其原理和炮弹差不多，加上喷发的箭矢，严格意义上说它并不属于飞行器，而是人们对空气、火药及飞行的简单理解实践。

"火龙出水"还原模型

倘若有朋友去过法国卢浮宫博物馆参观，一定会去看卢浮宫三宝之一的传世名作《蒙娜丽莎》，那神秘的微笑、传神的形态、优雅的妆容和绝妙的笔触都堪称人类绘画艺术之瑰宝。《蒙娜丽莎》的作者就是我们熟知的意大利著名画家列奥纳多·达·芬奇，除了画家外，他还有许多身份。作为文艺复兴三杰之一，相传达·芬奇在绘画、音乐、建筑学、数学（通类）、几何学、解剖学、生理学、动物学、植物学、天文学、气象学、地质学、地理学、物理学（通类）、光学、力学、土木工程等领域都颇有建树。

达·芬奇曾经设想过一种依靠叶片旋转驱动空气从而飞天的机器，很像现代的直升机。随着叶片旋转速度加快形成升力，让这个机器载人上天，这是达·芬奇诸多奇思妙想中的一个小创意，但这个理想在他有生之年终究没有实现，他的发明仅仅存在于图纸之中。除了叶片机之外，还有著名的达·芬奇扑翼机、滑翔机、降落伞等发明创造。虽然没有实物留存，甚至现在人们还在质疑其科学性和真实性，但在文艺复兴时期，达·芬奇就能有这么多天马行空又符合一定物理规律的发明，确实难得。在他诸多研究成果中，对后人影响最大的一项是对鸟类的细致观察，这为后来的实用型滑翔机奠定了科学基础，更是莱特兄弟发明飞机的航空理论指路人。当然，最早飞上蓝天的并不是达·芬奇，而是法国人罗齐耶，他驾驶蒙哥尔费兄弟的热气球升空。

在航空飞行器中，气球是一个特殊的存在。飞机一般有机翼提供升力，以各种舵面控制飞行动作，由发动机提供推力，推力加上升力后大于阻力（含重力）就能使飞机飞上天空，这是最基本的飞行常识。而热气球升空的原理是当填充气体的密度小于其周围环境的气体密度，由压力差产生的静浮力大于气球本身与其搭载物的重力时热气球就可浮升。世界上最早的热气球还要追溯到我国三国时期，诸葛亮发明的孔明灯就是通过此原理飞上天空的。当然，孔明灯是无法载人飞行的，只是一种传递信号的工具，相当于飞到天空中的烽火台。时间来到1783年，法国的蒙哥尔费兄弟本身职业是造纸商人，他们受到碎纸屑在火炉中燃烧上升这一现象的启发，在一个纸袋下面加热空气，纸袋就可以上升，本质与孔明灯一致。蒙哥尔费兄弟打开了一扇窗，人类飞行的梦想已触手可及。同年6月，他们设计制造的热气球正式试飞成功，紧接着他们又在三个月后开始了更多更复杂的飞行试验。最初搭乘热气球上天的是一只公鸡、一只羊和一只鸭子。热气球原理虽然明了，但首先拿动物实验属于比较明智的行为，毕竟谁也无法随便拿人命做赌注。

让·弗朗索瓦·皮拉特尔·德·罗齐耶，让我们记住这个名字，他是法国航空先驱，人类有明确记录的飞上蓝天第一人。1783年11月，罗齐耶驾驶蒙哥尔费兄弟制作的热气球，在法国巴黎近郊上空成功飞行了25分钟，这被公认为人类历史上首次有确凿记录的航空飞行。后来罗伯特兄弟乘坐氢气球也在法国成功升空，由此揭开了人类飞行的大幕，人类开始在天空中占有一席之地。

其实早在蒙哥尔费兄弟乘坐热气球飞天的40多年前，瑞士数学家和物理学家丹尼尔·伯努利就于1738年出版了对后世影响极大的《流体力学》。

这本书对空气动力学有大量科学解释，也是今后发明飞机的理论依据，《流体力学》奠定了空气动力学理论的基础。伯努利通过研究理想流体运动中速度、压力、密度等参数之间关系找到了其变化的规律，即伯努利方程。

简单理解，就是流体的流速与其压强成反比。在空气中，空气流动得越快，空气的压强就越小。流体连续性原理可以简单表述为：根据质量守恒定理，当一定质量的气体流经截面变化的管道时，在同一时段内，流过任何截面的气体质量都是相等的。当空气流速较低时，空气密度变化很小，或者说空气是不可压缩的。可以想象一下，气流稳定流过直径变化的管子时，每秒流入多少空气，也流出等量的空气，所以管子粗处的气流速度较小，而管子细处因为空气拥挤，流动速度就会较大。

好了，现在我们知道了《流体力学》和伯努利方程，飞机是不是就可以被制造出来了呢？事情远没有那么简单。在20世纪初飞机被发明之前，还有

蒙哥尔费热气球还原模型

很多航空先驱对飞行进行了大量的实践与探索。比如 19 世纪末德国工程师卡尔·威廉·奥托·李林达尔进行滑翔机实验；英国人乔治·凯利撰写著作《论空中航行》，他被誉为空气动力学之父。正是由于有很多航空先驱形成的科学基础与技术积累，才使得 1903 年飞机能够正式飞向蓝天，航空飞行才得到了蓬勃的发展。

卡尔·威廉·奥托·李林达尔的滑翔机

怎样飞行

前文我叙述了人类航空发展简史，下面让我们来了解现代飞机是怎样飞行和控制的。

以第 14 页图中这架著名的苏联苏霍伊设计局研制的苏 -27 超声速战斗机为例：

红色部分为飞机的前缘襟翼。前缘襟翼有好几种，如前缘襟翼、前缘缝翼、前缘扭转等。苏 -27 战斗机采用的是前缘襟翼，而大型客机多采用前缘缝翼，美国 F-15 "鹰"式战斗机则采用较独特的进气道前缘扭转。虽然方式结构有所不同，但大致作用还是一致的，都是为了使机翼尽可能形成一个拱形达到最大弯曲度，以获得升力。

绿色部分为飞机的升降舵。顾名思义，升降舵就是使飞机爬升或者下降的一个操纵面。升降舵向上偏转产生的力迫使机尾向下，机头向上，在恒定速度下，机翼增加的迎角会导致机翼产生更大的升力，从而使飞机向上加速。升降舵向下偏转产生的力导致尾部上升，机头降低，在恒定速度下，迎角的减小会降低升力，从而使飞机向下加速。

蓝色部分为飞机的方向舵。方向舵是飞机在空中飞行中非常重要的一个操纵单元，一般情况下安装在飞机尾翼安定面后缘，是能使飞机产生方向偏转的装置。当飞行员蹬左脚踏板时，方向舵向左偏移，蹬右脚踏板时，方向舵向右偏移。向右偏移的方向舵会在机身尾部产生向左的力，导致机头向右偏航。方向舵脚踏板回到中立位置后，方向舵也回到中立位置，飞机停止偏航。

黄色部分为飞机的襟翼/副翼，当然，现在大部分战斗机因为有了数字化电传操纵系统，已经将襟翼和副翼整合，形成了襟副翼系统。现代许多战斗机安装有前后缘襟翼，目的是增加机翼的弯曲度从而提高升力，在起飞降落或者大迎角动作时使用。当然，还有使用襟副翼装置的飞机，这些在后文中会有相应说明。襟副翼是安装在飞机机翼上用于飞机滚转的舵面，通常安装在两侧机翼，每侧机翼一个，为对称式安装。使用时，通过左右差动控制飞机滚转，从而造成两侧机翼不同的升力差。

还有减速板、扰流板、翼尖小翼等，这里就不一一说明了。

那么我们现在就"起飞"这步骤，看看具体操作是什么样的。首先飞机对正跑道，将襟翼放下。起飞过程中，前后缘襟翼都会放下并延伸，这就是前文中我所表述的增加机翼的面积和曲率，使得飞机在较低速度滑行时也可获得较大的升力。随着发动机推力逐渐加强，此时飞机速度也更快，机翼获得的升力也更高，当升力大于重力时，飞机就顺利起飞了。在达到正常巡航飞行状态时，前后缘襟翼就可以收起了，以减少飞行时的阻力。巡航飞行状态时，飞机所受的各种力会趋于平衡，即升力等于重力，牵引力等于推力。

接下来，我讲讲飞机的飞行控制问题。

如果想向下飞行，那么就需要飞行员向下调整升降舵，这会使气流产生偏转尾部上升，升力会产生一个向下的力矩，机头就向下了。当然，想抬升机头向上飞，反向刚才的操作就可以。

那么飞机在空中是如何转弯的呢？这时飞行员可以调整方向舵进行水平转弯。直线飞行的飞机水平转弯会让飞行员或飞机的乘客感觉不适，如同突然改变你的坐姿一样，至少会有些头晕。想在飞机转弯时适当舒服些，那么副翼就可以很好地解决这个问题。飞机机翼两侧的副翼能够提供一个方向差，此时飞机两侧机翼的升力不同，飞机就会轻微转动了。现代飞机基本是以数字电传操纵系统为主，飞行员在驾驶舱内就可以调整飞机的操纵面，由机载计算机进行庞大而复杂的计算之后，发出指令对各操纵面进行指挥控制，大

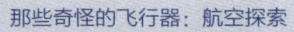

大减轻了飞行员的负担。

当然，随着人类对航空科技的进一步探索和大量飞行试验经验的积累，飞机的外形有所变化，飞机的操纵面也有些不同，但大致操作原理仍然一致。

现代战斗机气动外形主要受进气方式和机翼外形影响。其中喷气发动机的进气道布置就有很多种，如机头进气、两侧进气、机腹进气、机背进气等；机翼也分为矩形翼、三角翼、双三角翼、后掠翼、边条翼、环形翼、变后掠翼、梯形翼等。

机头进气三角翼比较典型的如苏联米格-21系列战斗机；两侧进气切尖三角翼的有美国F-15战斗机、瑞典JAS-39战斗机等；变后掠翼的有大名鼎鼎的美国F-14舰载战斗机、苏联米格-23战斗机等；美国F-16战斗机则是机腹进气切角三角翼翼身融合体的典型。战斗机气动外形和飞机设计布局有着

■ 前缘襟翼
■ 襟翼/副翼
■ 方向舵
■ 升降舵

飞机各部分示意图

密切关系，也是科技力量与制造实力完美结合的体现。

  当然，上述介绍皆为正常布局设计的经典飞机，但本书主题为各式各样怪异飞机，虽然基本航空原理大致相同，飞机的设计方案却千奇百怪，那么飞机是怎样设计出来的呢？飞机设计对于我们看到的最终结果会有怎样的影响？是什么左右了各型飞机的最终形态？带着这些问题，首先要简单阐述飞机是如何被设计出来的。

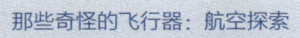

简述飞机设计

飞机的设计是一项细致而庞大的系统工程，飞机最终形态的建立和固化需要前期大量的科学分析与评判，并非简单的事。其中飞机总体设计大致分为以下步骤：

① 明确技战术要求
② 技术状态管理
③ 方案初始选择
④ 发动机选择与进气道及喷口设计
⑤ 气动布局参数选择
⑥ 总体布置设计
⑦ 飞机重量和平衡的控制
⑧ 起落架参数选择
⑨ 飞机几何设计
⑩ 气动特性估算
⑪ 飞机性能分析
⑫ 操稳分析与布局调整
⑬ 驾驶舱设计
⑭ 结构方案设计
⑮ 电子设备与控制设备
⑯ 气动弹性设计
⑰ 隐身性能
⑱ 生存力分析
⑲ 作战效能分析
⑳ 可靠性、维护性、综合保障分析
㉑ 飞行试验
㉒ 定型交付部队

此外，军用飞机研制程序主要步骤划分为以下五个阶段：

(1) 论证阶段

① 作战使命、任务、环境和对象。

② 战术技术性能指标要求及综合后勤保障要求。

③ 初步装备编制方案，计划装备数量、基地、位置和服役年限。

④ 采购经费及使用经费估算。

⑤ 研制进度和交付要求。

(2) 方案阶段

① 确定飞机型号规范。

② 确定飞机配套技术状态。

③ 进行结构方案设计，确定机体结构承力系统。

④ 提出飞机各系统设备设计技术要求，编写强度计算原则和结构设计原则。

⑤ 发出正式的飞机三视图和总体布置图。

⑥ 发出重量、重心控制要求。

⑦ 发出分区协调规定、飞机设计发图规定。

⑧ 发出可靠性大纲、维修性大纲、综合后勤保障大纲，初步编制地面设备、随机工具配套清册。

⑨ 修正研制费用，制定经费控制措施，初步估算全寿命期费用。

⑩ 修正零级网络图，制定各系统二级网络图。

⑪ 编制地面保障设备目录，签订外购地面保障设备技术协议。

⑫ 提出功能开发试验项目和计划。

⑬ 提出飞机试飞方案、飞行试验项目和计划。

⑭ 落实研制、外协加工、物资引进、技术改造和基建计划。

(3) 工程研制阶段

① 编制发图指令性文件。

② 详细设计。

③ 配合生产准备。

④ 配合成品研制单位完成成品样机试制，提供成品试验件和技术文件，配合新材料鉴定。

⑤ 完成发图前验证性试验。

⑥ 详细设计评审。根据型号规范、系统设备设计规范、飞机产品规范、设计图样和技术条件等，进行试制和鉴定试验。

（4）设计定型阶段

① 按批准的设计定型试飞（验）（或鉴定试飞、试验）大纲，由指定的单位负责进行设计定型试飞，各有关单位适时派出跟飞人员，及时解决试飞中出现的各种技术（或质量）问题。

② 通过试飞，对机载成品和新材料由主机所按规定签发使用评议书，给出试飞使用结论。

③ 进行部队适用性试飞，提出部队适用性试飞结果报告。

④ 设计定型试飞后，由试飞单位提出设计定型试飞结果报告，研制单位提出试飞保障报告。

⑤ 设计部门完成设计定型图样发放和技术报告、试验资料、使用资料等的编制整理、归档检查工作。

（5）生产定型阶段

① 飞机生产定型是国家对飞机批量生产条件进行全面考核，经设计定型的飞机，在正式大批量生产以前必须进行生产定型。飞机生产定型以飞机研制单位为主。

② 生产定型文件通常包括以下主要部分：

a. 申请生产定型报告。

b. 试生产总结报告。

c. 部队试用报告。

d. 生产定型试飞大纲和试飞报告。

e. 飞机全套图样。

f. 工艺、工装文件。

g. 飞机和重要零部件工艺鉴定报告。

h. 标准化审查报告。

i. 配套成品、原材料、元器件及检验设备的质量和定点供应情况报告。

j. 飞机质量管理报告。

k. 飞机成本分析报告。

l. 飞机、系统技术规范（技术条件），验收技术条件。

m. 使用部门对飞机生产定型的意见。

n. 飞机技术说明书。

o. 飞机使用维护说明书。

p. 各种配套表、明细表、汇总表、成品目录等。

q. 特定的其他文件。

每个研制阶段都有各自的依据、主要任务和目标、主要工作内容、质量控制要点和完成标志。每个阶段的工作按要求完成后，方可转入下一个阶段。

论证阶段，通过战术技术指标、总体技术方案论证，对研制经费、保障条件、研制周期的预测，经主管部门审查、批准后，作为开展方案阶段工作的依据。

方案阶段，通过研制方案论证、原理样机的验证试验、关键技术攻关，进一步完善战术技术要求，进一步细化研制经费、研制周期和保障条件后，由研制部门负责编制研制任务书并附研制方案论证报告，经主管部门审批后，作为工程研制阶段的依据。

工程研制阶段，通过设计、试制与鉴定试验，由研制部门和使用部门共同提出设计定型试飞申请报告和试飞大纲，经航定委审批后，作为设计定型阶段的依据。

飞机完成设计定型试飞与设计定型工作后，进入试生产阶段，完成试生产和生产定型。军用飞机总体设计工作的重点是论证阶段和方案阶段，此后，总体工作虽然还会有一定设计工作量，但主要工作是技术管理工作。

最后，除组织管理规章之外，设计人员还要对飞机各系统、零件、构型、结构、动力、翼型、气动特性、座舱、人机工程、布局、飞行控制、航电、火控、配套武器、生存力和可靠性等方面进行具体设计分析验证。

以上就是一架成熟实用型战斗机从初始方案设计到最终定型所需的大致步骤，不过这些并非是固定程序，有些飞机就走了不一样的道路。更有特殊时期、特殊使命的战斗机，并没有时间和精力完成上述全部步骤，要根据现实情况具体分析。

理论上，飞机设计时的每个阶段都有各自的目标，只有完成既定目标后才能进行下一步工作。每个步骤、每个阶段设计人员都要出具相应的文书凭证或报告，指出当前阶段的不足和缺陷并及时更正，在所有问题更正改良后，经主管部门审批验收合格、出具报告书后，标志着本阶段任务完成，继而移交任务到达下一阶段。飞机设计工作的重点是论证阶段和方案阶段，这两个阶段的工作直接影响后续的发展与走向。飞机设计必须从本国国情出发，立足现有技术、资金、需求、技战术和战略任务，切忌东食西宿，要讲究各方面的平衡。指标制定的大而全，实际无法实现，这种得陇望蜀的行为并不可取。

在论证阶段，设计人员要明确作战任务、使命、环境和对象，对后勤保障条件做出适当考量，还要对研制经费与飞机造价进行认真分析，并基本拿出飞机的服役期限。这可以简单理解为，该飞机最终要服务于什么样的作战任务，针对哪些目标和假想对手，飞机日后作战环境为高原还是海岛，是沙漠还是平原，每一次飞行后的日常维护保养与维修是否烦琐，要尽可能减轻地勤人员的工作量。还要考虑该设计项目最终成品造价是否超过本国国防预算承受能力，飞机的质量和数量之间要达到最佳平衡，以及制造工厂是否需要因为该设计项目进行大幅度升级改造，工装设备是否需要更换，生产工艺能否实现等一系列问题。

以苏联苏-27战斗机为例，在苏霍伊设计局参与苏联新一代远景歼击机计划后，数年间设计人员共拿出八套设计方案，经最终论证分析后，将第八套设计方案再次改进交给工厂进行生产，这已经是第九甚至第十套方案了。苏霍伊设计局在苏-27飞机的设计论证方面明显经验不足，始终无法定夺最优方案，导致整个生产线设备更新量急剧增加。其原型机的生产工艺要求较高，尤其是它的机翼为卵形固定前缘，生产精度要求高，造成工厂生产难度大，良品率低，这就是设计论证和生产之间的矛盾。在20世纪60年代末期，苏联新一代远景歼击机的计划目标为赶超美国最新战斗机，但当时苏联无论经济、科技还是基础设计，都落后西方较多，期望研制一型飞机迅速领先西方的目标是不切实际的。从最初期待抗衡美国F-15战斗机到后期学习F-16战斗机，初始方案被放弃，重新设计，苏-27飞机的研发之路异常艰辛坎坷。虽然苏-27飞机最终成为一款实力强大的经典重型战斗机，但其设计阶段的重大失误也是不容回避的事实。

我们再以美国F-16战斗机为例，在20世纪60年代，美国根据在越南的作战经验分析，美军当时的F-4战斗机已经不能胜任多种条件下的空战，FX计划就此浮出水面，以期更新美国空军机队。1969年，美国麦道公司（麦克唐纳·道格拉斯，简称麦道，美国飞机制造商和国防承包商，1997年8月麦道公司被波音公司收购。）开始设计F-15战斗机，1972年首飞，1974年进入美国空军服役。F-15战斗机强大且优秀，空战性能一流，创新式地使用了HUD（抬头显示器）系统，首次采用手不离杆的操作方式，装备了性能强悍的AN/APG-63脉冲多普勒雷达火控系统，还有各式先进导弹加持，这些使F-15战斗机成了当时世界上最先进的战斗机。优点突出的同时也伴随着缺憾，F-15战斗机造价高昂，无法大批量装备美国空军，这时就需要一种造价相对低廉且性能强悍的战斗机来弥补F-15战斗机数量上的不足。就这样，以敏捷

苏-27 原型机 T-10-1

灵活、机动性强著称，以"能量机动"为设计理念的 F-16 战斗机被设计出来。F-16 战斗机是美国空军第一款可以达到 9G 过载的战斗机，也是首款使用电传操纵系统的战斗机，诸多优点集于一身的 F-16 战斗机至今仍然活跃于世界各地，成为美国和其盟国的空中急先锋。

F-16 战斗机的研发目标非常明确，美国空军认为 F-15 战斗机机身过大，造价太高，虽然空中格斗性能优异，但数量少维护成本高是 F-15 战斗机最大的缺憾。F-16 战斗机的出发点即在飞机设计的论证阶段的目标就是要敏捷、灵活、可靠、先进和成本相对低廉。F-15 战斗机和 F-16 战斗机都可以称为是美国战斗机设计的经典之作，在世界战斗机发展史上占有举足轻重的地位，更是耀眼的明星，这就是飞机设计中论证阶段和方案阶段相对比较优秀的例子。

关于飞机设计还有很多例子，如苏制米格-31 战斗机，它是两侧进气道双发双垂尾布局，为了保证超声速飞行中机翼的强度，采用了小展弦比中等后掠机翼设计。这是一款为了对抗美国 SR-71 战略侦察机和 XB-70 超声速轰炸机而研制的特殊飞机，是目标和技战术指标明确的产物。

还有一个比较突出的例子是欧洲"台风"战斗机，这款战机出于政治、经济、技术与现实威胁等诸多因素的考量，采用了多国联合设计制造的方式。当时欧洲急需一种高性能战斗机用来抗衡苏联新式先进战斗机，这种战斗机需要极佳的超声速作战能力，兼顾低空低速机动性能，较优秀的态势感知能力和战争条件下以较短距离从被毁坏机场残存跑道上起飞降落的能力。最重要的目标是拥有较远航程和较大速度，在第一时间消灭敌方战略轰炸机，保卫城市和重要军事设施。虽然"台风"强调高空高速性能的截击能力，但没有降低对近距空中格斗机动性的要求，其采用的鸭式布局，亦证明"台风"是一种在高中低各空域都有较强战斗力的全面型综合战斗机。

还有一个非常典型的例子，那就是美国 YF-22 验证机和 YF-23 验证机之间的竞争。1990 年 9 月 29 日，洛克希德公司新一代先进战术战斗机技术验证机YF-22验证机首飞成功。在此之前的一个月，诺斯罗普公司的YF-23验证机已经首飞成功，这两款战机都是起源于1985年美国空军提出的替代F-15战斗机的先进战术战斗机计划（ATF）。1990年，经过两种机型试验试飞验证考察之后，美国空军宣布洛克希德公司的YF-22验证机竞标成功，进入下一阶段的发展计划；诺斯罗普公司的YF-23验证机被淘汰，退出ATF计划。

在试验试飞中，YF-22验证机的机动性强于YF-23验证机，YF-23验证机则更加注重高空高速性能，机身更长。但YF-23验证机设计只能容纳6枚导弹（需要将AIM-120导弹弹翼折叠处理），想要达到美国空军飞机内装6枚导弹的目标就需要再次加长机身。YF-23验证机的进气道在机翼下方前缘位置，进气道和唇口都采用固定结构设计，这样不仅能够降低重量也适度减少了雷达反射截面。YF-23验证机进气道在机身内部向上弯曲呈S形与机身尾部的发动机相连接，发动机喷口被设计成隐藏式，这一设计降低了红外特征，但无法使用与YF-22验证机类似的矢量喷口设计。YF-23验证机没有战胜YF-22验证机就是在设计论证阶段的方向性上出了差错，这里要明确指出，虽然YF-23验证机在不开发动机加力情况下的试飞中，速度稍逊于YF-22验证机，YF-23验证机速度为马赫数1.43，YF-22验证机为马赫数1.58，但YF-22验证机的低空性能强于YF-23验证机，它们有一个重大区别就是二元矢量喷口，借助于成熟可靠的普惠F119-PW-100涡扇发动机和二元矢量喷口，YF-22验证机可以飞出异常灵活的姿态，这使采用固定喷口的YF-23验证机在机动性上无法与YF-22验证机比拟。虽然YF-23验证机的机动性也非常强，但更侧重于高速的YF-23验证机机体太长，达到了20.6米，即使如此之长还是容纳不了美国空军既定的机腹内装6枚导弹的硬性要求。另一方面，YF-23验证机的设计方诺斯洛普公司与美国空军关系不佳，飞机本身并无特殊之处，低空性能又不及YF-22验证机，YF-23验证机的失败就是必然的结果了。飞机设计虽然是一项庞大而复杂的系统性科学工程，但人的因素还是占主导地位，人在飞机设计中左右着方案和论证，太多的政治、人事、设计力量、制

YF-23 验证机

造困难等因素阻碍着项目的前进。

　　总之，飞机设计从最开始的立项、设计直至制造改进，都受各种因素影响，如技战术指标、经济实力、技术要求、政治因素等，绝非简单工序一项就可以武断决定。第二次世界大战期间著名的 B-29"超级空中堡垒"战略轰炸机，研发时间短，试飞不充分，因此问题非常多，但并没有影响其尽快装备部队，加入反侵略反军国主义的正义战争。这种情况就是绕过了一些常规步骤，也是飞机设计中较常见的情况。

典型战斗机代表

我们印象中的战斗机布局设计都比较常规，就算是欧洲"台风"战斗机的鸭式布局和苏-27战斗机系列的中央升力体翼身融合设计也较容易接受。众多先进战斗机眼花缭乱异彩纷呈，战斗性能突出的同时给人们一种威武凌厉的美感。优雅的法国"阵风"战斗机，灵巧的美国F-16战斗机，威武的美国F-15战斗机，美轮美奂的俄罗斯苏-35战斗机，中规中矩的苏制米格-21战斗机等，那些优秀战机或出现在各国重大节日、航展及纪念日，或见于书籍、图册和网络中，虽各有特色、各有不同，但又觉得理所应当，好似战斗机就应该是这样子，那些经典布局已经囊括了所有的设计范畴。

本书主题为各式非常规飞机，这里有必要先简略介绍一些我们熟知和常见的"常规"战机，以便对后文的怪异系列有更加深刻的感觉和印象。

苏联米格-17"壁画"战斗机

- 简介

米格-17战斗机，苏联米高扬设计局研制，1950年1月首飞，单座单发中单后掠翼，北约代号：壁画。

米格-17战斗机由苏制米格-15比斯战斗机升级发展而来，总制造数量一万余架。米格-17战斗机飞行性能优秀，为米格-15战斗机和米格-19战斗机之间过渡机型。虽产量较多，但由于各国航空科技发展速度较快，新式超声速战斗机迅速装备部队，遂被加速淘汰。

米格-17F 战斗机基本参数	
乘员	1 人
机长	11.68 米
翼展	9.63 米
翼面积	22.6 平方米
空重	3920 千克
最大起飞重量	6075 千克
最大飞行速度	1145 千米/时
实用升限	16600 米
航程	1980 千米
作战半径	580 千米（带副油箱）
发动机	VK-1F 涡喷发动机

米格-17 战斗机

苏联米格-31"捕狐犬"战斗机（截击机）

• 简介

米格-31，苏联米高扬设计局在米格-25截击机基础上研制的超声速战斗机（截击机），北约代号：捕狐犬。

米格-31战斗机于1975年9月16日首飞，1982年开始服役于苏联国土防空军，总产量500余架。米格-31战斗机为双发双垂尾两侧进气超声速双座全天候战斗机（截击机），直到今天，俄罗斯还在对其进行升级改装。米格-31战斗机可以执行多种长程任务。米格-31BM战斗机升级了新的多模式雷达、手不离杆控制器、液晶彩色多屏显示器、新型计算机和软件。2010年8月，俄罗斯将现役的米格-31战斗机全部升级到米格-31BM战斗机的标准，并增加了携带AS-17反辐射导弹的能力。

米格-31战斗机是著名的米格-25战斗机的改进型号，其最高速度接近三倍声速，强悍的飞行性能令人瞩目。

美国F-15"鹰"战斗机

• 简介

1962年美国空军开始F-X（Fighter-Experimental）计划，目的是设计一款拥有完全空中优势的重型制空战斗机。1969年麦道公司中标后开始正式设计工作，1972年原型机首飞成功，1974年正式进入美国空军服役。

F-15战斗机创造性地采用了"手不离杆"设计，即飞行员控制按钮集中在节流阀和操纵杆上，所需信息体现在抬头显示器（HUD）上。F-15战斗机使用专门为其研制的AN/APG-63脉冲多普勒雷达火控系统，该型雷达属于X波段全天候多模雷达，下视下射能力比较突出，对于低空目标的捕捉能力较强，雷达利用多普勒效应不会被地面杂波所干扰。近距格斗时，雷达自动捕捉目标，计算机将目标信息反映到抬头显示器中，不需要飞行员低头看其余

米格-31 战斗机

米格-31 战斗机基本参数	
乘员	2 人
机长	22.668 米
翼展	13.46 米
翼面积	61.6 平方米
空重	21800 千克
最大起飞重量	46200 千克
最大飞行速度	3000 千米/时
实用升限	20600 米
航程	3300 千米
作战半径	720 千米
发动机	D-30F-6 涡扇发动机

F-15C 战斗机基本参数	
乘员	1 人
机长	19.45 米
翼展	13.05 米
翼面积	56.5 平方米
空重	12900 千克
最大起飞重量	30800 千克
最大飞行速度	2655 千米/时
实用升限	20000 米
航程	5600 千米
作战半径	1965 千米（空中拦截任务）
发动机	F100-PW-100 涡扇发动机

F-15C 与 F-16C 战斗机双机编队

仪器仪表，这种模式在那个年代属于极其尖端的科技产品。

F-15 战斗机目前没有证据证明在其参与的多次空战中有被击落的记录，而 F-15 战斗机的战果是击落 104 架敌机。叙利亚宣称 1981 年该国米格 -25PD 战斗机使用两枚 R-40 导弹击落一架 F-15 战斗机，但目前无据可考，没有得到证实。F-15 战斗机服役时间长达五十年，至今仍然是美国空军主力战机，最新改进型号出口多国，美国空军也在为其进行延寿改装。

俄罗斯苏 -30"侧卫 G"战斗机

- 简介

苏 -30 战斗机，这个响当当的名字即使是对飞机和军事装备不算很了解的人也或多或少有些耳闻。苏 -30 战斗机名气太大，产量和改型很多，以至于几乎占据了苏 -27 系列战斗机的半壁江山，也是不折不扣的苏 -27 战斗机家族中出口的拳头产品。

20 世纪 90 年代初，苏联国内局势发生重大变化，镰刀斧头标志被白蓝红三色旗取代，苏联不复存在。此时正值 T-10PU（苏 -27 战斗机双座改进型）联合鉴定试飞结束，形势的变化也使得设计局考虑将 T-10PU 进行出口型的改造。1991 年 10 月，设计局开始研制出口型苏 -30 战斗机，并被命名为苏 -30K 战斗机（设计局代号 T-10PK）。1992 年又提出了扩大对地攻击能力的技术性报告，这份文件也成了今后苏 -30 战斗机的技术主攻方向，新方案被命名为多用途歼击机苏 -30MK（M 代表现代化改装，K 代表外销）。

1992 年 4 月 14 日，第一架生产型苏 -30 战斗机于伊尔库茨克航空厂，在工厂试飞员布兰诺夫和马克西缅科的驾驶下首飞成功。

苏 -30 战斗机是苏霍伊设计局的一个开创性机型，平台好，性能强，作战能力突出，现在已经成为苏霍伊设计局出口的拳头产品。可以说，苏 -30 系列战斗机的改装成功不单是一个机型的改装研制，也折射出当时苏霍伊设计局面对国家形势变化做出的战略调整，从"大锅饭"式你下订单我生产的

苏-30 战斗机

苏-30 战斗机基本参数	
乘员	2 人
机长	21.9 米
翼展	14.7 米
翼面积	62.04 平方米
空重	17700 千克
最大起飞重量	34500 千克
最大飞行速度	2125 千米/时
实用升限	17300 米
航程	3000 千米
作战半径	1500 千米
发动机	AL-31F 涡扇发动机

固有观念，转变成积极拓展国内外市场的主动思维，这也是顺应局势变化的正确选择。如果没有苏-30系列战斗机，无法想象现在的苏霍伊设计局是否能够继续强大，市场环境和对外技术融合就会存在很大的不确定性。

瑞典JAS-39"鹰狮"战斗机

● 简介

JAS-39"鹰狮"战斗机是一款由瑞典萨博集团研制的轻型战斗机，JAS-39战斗机具有多功能、高适应性等诸多特点，更有先进科技与有效的人机工程相配合，轻巧而结实的结构，三角翼设计，人工强化与全天候电传操纵系统，高性能轻型雷达及其他系统，这些都以适于飞行员操作的方式结合在一起。

JAS-39战斗机中的JAS意为瑞典语中的Jakt（对空战斗）Attack（对地攻击）Spaning（侦察）的缩写，由此可见，JAS-39是一型集战斗、攻击、侦察于一身的多功能战斗机，它也是瑞典空军用来接替Saab-37战斗机的机型。

JAS-39战斗机采用由鸭翼（前翼）与三角翼组合而成的近距耦合鸭式布局，继承了Saab-37战斗机的气动形式，结构上广泛采用复合材料，主翼为切尖三角翼带前缘襟翼和前缘锯齿，全动前翼位于矩形涵道的两侧，无水平尾翼，机翼和前翼的前缘后掠角分别为45度和43度。该机能在几乎所有高度上实现超声速飞行，并在短距起降上取得了最大的效率。

JAS-39战斗机的试验一号机于1988年12月9日第一次飞行升空。试验一号机在1989年2月3日的试验飞行中，因电传操纵系统缺陷导致着陆失败严重破损，JAS-39A量产型一号机因此转为试验使用。1996年6月9日，该机进入瑞典空军服役。被誉为"欧洲三雄"之一的瑞典"鹰狮"战斗机特点鲜明，造型独特，战斗力不可小觑。

JAS-39

JAS-39 战斗机基本参数	
乘员	1 人
机长	14.1 米
翼展	8.4 米
翼面积	25.54 平方米
空重	6620 千克
最大起飞重量	14000 千克
最大飞行速度	2450 千米/时
实用升限	15240 米
航程	3200 千米
作战半径	800 千米
发动机	RM12 涡扇发动机

美国 F-22 "猛禽" 战斗机

● 简介

美国空军 F-22 隐身战斗机是世界首款隐身高超机动战斗机,采用单座双发双外倾垂尾,两侧进气。F-22 战斗机主要执行制空、对地攻击、对海攻击及电子战和情报收集等任务,也是世界上第一种投入部队服役的、可超声速巡航的战斗机。

F-22 战斗机自诞生之日起,直接划定了新一代战斗机的技术标准:隐身、超机动、超声速巡航、高态势感知。F-22 战斗机最高速马赫数为 2.2,超声速巡航马赫数为 1.5 左右,因此它最初选用的机翼前缘后掠角为 48 度,在此后掠角下,机翼前缘的气流在飞机超声速巡航时为高亚声速或接近声速状态,对减小飞机超声速巡航阻力有利。

F-22 战斗机装备 AN/APG-77 有源相控阵雷达、最新研发的 AIM-9X 近距空对空导弹、AIM-120C/D 中程空对空导弹、强大的普惠 F119-PW-100 推力矢量发动机、先进航电与人机界面等,作战能力是 F-15 战斗机的数倍。两侧的加莱特进气道适合高速巡航,在飞机设计时就减少了飞机表面的突出物,从而让 F-22 战斗机的雷达隐身性能提升到极致。银和氧化镓的吸波涂料遍布机身,不过这种涂料不论从涂料本身还是喷涂人工等价格都极高,此种喷涂材料需要大量的精心修补与维护,后期的维护更是耗资巨大。

"猛禽"的隐身性能、超强的机动性、态势感知能力,结合其空对空和空对地作战能力,使得它成为当今世界综合性能最强的战斗机之一。

F-22 战斗机

F-22 战斗机基本参数	
乘员	1 人
机长	18.9 米
翼展	13.56 米
翼面积	78.04 平方米
空重	19700 千克
最大起飞重量	38000 千克
最大飞行速度	2410 千米 / 时
实用升限	19800 米
航程	2963 千米
作战半径	760 千米
发动机	F119-PW-100 涡扇发动机

那些奇怪的飞行器
航空探索

02
孤注一掷

战略轰炸

研究战争,特别是未来战争,可以看出一些非常有趣的特点。

首先是全人类互相残杀现象的广泛性,一时忘记了他们都是人,属于为同一理想目标而奋斗的人类家庭。他们变成了残忍的人,好像着了魔似的投入使人痛苦的血腥破坏工作。其次是战争规模巨大,要求聚集全国巨大的物质力量和精神力量,形成一个破坏力量对付敌人,把生产力变成了更大的破坏力,指向唯一的目标——胜利。这是一个巨大的、多样化的工作,在战前就必须有预见、做准备,在战争中又以极大的狂热进行,但又讲求科学,以便能从投入的国家资源中获得最大的成果。最后,战争还带有神秘性。不管人们如何想把它当作某种遥远而不可能的事,战争却来到每个人面前,而且带有一层厚厚的神秘面纱,因为战争本身包含着未来必然发生的、难于预见的事件。——《制空权》朱利奥·杜黑

朱利奥·杜黑,意大利军事理论家,陆军少将,于1921年发表了《制空权》一书,是现代空军军事理念的先驱。

杜黑是非常著名的空中力量理论家,他的著作经常被引用。他于1888年在军队服役,最初是一名炮兵军官,后期指挥了意大利最早的航空部队。到了1915年,他已经产生许多关于使用飞机作战的想法。在意大利军队与奥匈帝国军队之间的战争陷入僵局后,他公开呼吁组建一支大规模的轰炸机部队来打击对方的士气。但杜黑在治军理念与政治方面与意大利政府矛盾日渐加深,在公开批评意大利领导层之后,他被送上了军事法庭审判,并被判入

狱一年。杜黑被释放后，于1918年担任意大利中央航空局局长。1921年，杜黑被提升为将军，并出版了他最著名的作品《制空权》一书。

战略轰炸是一种用于总体战的军事战略，目的是摧毁敌对国家发动与持续进行战争的各项能力，包括物质与心理层面。战略轰炸是有系统地组织与执行的空中攻击，轰炸的目标着重在战略目标的达成，战术层面则考虑的是轰炸机、导弹等攻击既定目标时的细节问题。

朱利奥·杜黑（1869年5月30日—1930年2月15日）

战略轰炸与战术轰炸很容易被混淆。战略轰炸通常攻击工厂、交通路线、原料生产与储存设施、重要城市等后勤单位，战术轰炸则以部队、指挥管制设施、机场、弹药库等与作战直接相关的军事目标为主，规模也不大。战略轰炸机体型比较大，航程较长，战术轰炸机则较小，航程较短。但即使是战略轰炸，前往目标以及投弹的动作也属于战术动作，差异不在所用的飞机或是所选的目标，而是攻击的目的。战术轰炸主要着眼于和前线作战直接相关的目标，战略轰炸则是为了伤害敌对国家发动与维持战争的能力。从历史脉络来看，战略轰炸多数情况下属于总体战，在全面战争爆发后才会使用。

第一次世界大战期间，飞机最初仅用于空中侦察，但到了1915年，它们被越来越多地用于进攻行动。1915年1月至1918年5月期间，德国对英国本土进行了100多次轰炸，给英国造成了重大伤亡。在两次世界大战期间，战略轰炸的价值得到了普遍认同。得益于技术的发展，飞机可以飞行更长的

时间并获得了更高的飞行高度,这也使得新策略更加可行。在第二次世界大战之前,德国空军就在西班牙内战中崭露头角,秃鹰军团在1937年对杜兰戈与格尔尼卡的毁灭性轰炸中,向全世界展示了战略轰炸的毁灭性潜力与恐怖。

第二次世界大战期间,各参战国将战略轰炸的理论作了一次初步的验证和实践,英国、日本、德国与美国都曾经对敌国进行长时间持续性战略轰炸。时任英国首相张伯伦曾经在英国下议院发出声明:"别的国家无论怎样走极端,我国政府也决不去残酷地虐杀妇女儿童等一般市民。"但战时首相丘吉尔则推翻了这一原则,选择了对德国城市进行无差别轰炸。1940年5月,丘吉尔在就职演说中讲道:"不惜一切代价去争取胜利,无论多么恐怖也要争取胜利,无论道路多么遥远艰难,也要争取胜利。"丘吉尔就职英国首相的第二天,就派出轰炸机对德国部分城市进行了无差别战略轰炸。

很多军事将领和战略家们都主张空中力量应在战争中发挥更大的作用,他们提出了一种在英国和美国军方都很有影响力的理论,即对重要经济中心的战略轰炸可以迫使敌人投降,缩短冲突,并真正挽救生命。美国陆军少将威廉·伦德拉姆·米切尔[一]曾说:"空中装备将攻击各种生产中心、交通工具、农业区、港口和航运中心。"1944年11月,美国针对战略轰炸进行了调查,专家委员会对此做出报告并提供给了时任美国总统罗斯福,报告显示盟军在欧洲的轰炸使德国的石油工厂、铁路、卡车生产工厂等基础设施接近崩溃。报告中还提到,基于德国被战略轰炸之后的现状,可以看出没有任何国家能够在其本土被敌方自由使用空中武器攻击后还能长期生存下去。

1942年3月28日,英国空军元帅亚瑟·哈里斯命令英国战略空军对德国吕贝克地区进行战略轰炸,234架轰炸机投下了300吨炸弹,其中一半为燃烧弹,这些炸弹将吕贝克80%的地区烧毁,城市运作陷入瘫痪。这次轰炸的成功,几乎实现了杜黑宣扬的"无须重复轰炸,一次出动务必摧毁一个目

[一] 威廉·伦德拉姆·米切尔(1879年12月29日—1936年2月19日),美国陆军少将,被称为美国空军之父,航空战略家,曾提出"空军制胜论"。

标"的理想。

哈里斯的进一步计划是一次性出动 1000 余架轰炸机，其中三分之二携带燃烧弹。1942 年 5 月 30 日，英国战略空军在 100 分钟内向德国科隆投下了近 1500 吨炸弹，摧毁了一万八千多座房屋。随后，英军又轰炸了埃森和不来梅等德国城市。原本坚持精确战术轰炸论的美国陆军航空兵司令亨利·阿诺德及第八航空队轰炸机司令艾伦·伊卡准将，在丘吉尔和哈里斯的战绩面前转变了自己的态度。1943 年卡萨布兰卡会议，时任美国总统罗斯福同意英军进行夜间无差别轰炸，美军进行日间精确轰炸。随后，坚持精确轰炸的艾伦·伊卡被调往地中海战区，而无差别战略轰炸的支持者卡尔·斯帕茨、詹姆斯·杜立特和柯蒂斯·李梅成为美国航空兵新的领导者，并开展了日后对德国汉堡和德累斯顿的轰炸。

俯瞰德国德累斯顿被轰炸后的惨状

1944年2月，美国陆军航空队（USAAF）[注]与英国皇家空军恢复了对德国的远程攻击，具体目标是摧毁德国空军和支持它的德国飞机制造工业。盟军希望通过这样建立对西欧大部分地区的空中霸权，这样他们就可以在定于6月的大规模登陆战中更安全地登陆法国海滩。1944年2月20日英国皇家空军和美国陆军航空队超过6000架美国和英国的轰炸机向德国投掷了近2万吨炸弹。盟军在这次行动中损失惨重，但德军的损失更重。德国空军被迫起飞与美国轰炸机和保护它们的护航战斗机进行作战，但遭到了严重的打击，从此再也没有恢复，而德国地面上的飞机制造工厂也遭受了严重的破坏。此后，盟军继续对柏林和德国的其他目标进行空袭，并在诺曼底登陆前几周建立了在法国的空中霸权。在反复的空袭中，德国空军已经瘫痪了。盟军在1944年5月和6月发动了若干次非常有效的战术空袭，以支持诺曼底登陆，包括攻击关键的铁路线、桥梁和其他军事设施，使德国更难调动其军队对抗盟军的进攻。著名的诺曼底登陆战，以英美为首的盟军部队为开辟第二战场在法国成功登陆，德国所谓的"大西洋壁垒"防线早在这次行动前就在盟军各式轰炸机的反复轰炸下失去作用，导致德国将盟军挡在英吉利海峡之外的计划破产。就在1944年6月6日诺曼底登陆战打响当天，盟军飞机反复冲击德军地面阵地，破坏了大量基础设施，杀伤人员。德军伤亡惨重的同时发出疑问："我们的空军在哪里？"但此时德国空军在盟军长时间的战略轰炸下已经损失殆尽，无力协防。

诺曼底登陆成功后，盟军进一步加强了对德国的战略轰炸。盟军的轰炸目标集中在炼油厂、工厂、铁路系统及主要城市，随着苏军从东部推进，德国进一步陷入混乱。在1945年2月的"雷霆行动"中，盟军轰炸机袭击了柏林、马格德堡、开姆尼茨和其他一些目标。其中最具破坏性的是盟军对德累斯顿的袭击，德累斯顿是一个以中世纪建筑而闻名的文化中心，也是铁路枢

[注] 美国陆军航空队（United States Army Air Forces，其缩写为USAAF），美国空军的前身，1941年由美国陆军航空兵团改组而成。美国空军成立于1947年9月18日。

纽和工业中心。袭击开始于 1945 年 2 月 13 日的晚上，英国在夜间进攻，美国在白天轰炸。和两年前的汉堡一样，城市被烈性炸药和燃烧弹焚毁了大部分地区，造成至少 5 万多名成年男性、妇女和儿童死亡，其中许多人因燃烧弹造成的窒息而死。德累斯顿的燃烧弹在英国引发了强烈抗议，这种燃烧弹直至今天还有持续存在的令人不安的道德问题。温斯顿·丘吉尔本人在给军方官员的报告中，呼吁重新审查对该地区轰炸的做法。不到两个月后，也就是 1945 年 5 月 8 日，欧洲战争结束。据战后调查，在盟军对德国的整个战略轰炸中，丧生的德国平民和军人的人数估计在 75 万到 100 万之间。

还有若干实例，如德国克虏伯工厂在第二次世界大战期间大规模使用集中营中被囚人员，进行残酷的体力劳动，该工厂在盟军轰炸行动中遭受重创；莱茵金属公司总部位于杜塞尔多夫，在盟军战略轰炸下被夷为平地；1943 年至 1945 年间，盟军对德国著名战斗机生产制造地雷根斯堡进行了数轮轰炸，导致德国空军的 BF-109 战斗机生产受到极大影响；福克-沃尔夫飞机制造股份有限公司总部设在德国不来梅，其设计制造的 FW-190 战斗机活跃于欧洲战场，但不来梅也没有逃脱被战略轰炸的命运，工厂在盟军炸弹的轰击下彻底瘫痪了。

1945 年春天，德军在东线和西线均遭受了一系列毁灭性的失败。西线，美军在突出部战役中遏制并击退了德军的反攻。3 月 7 日，美军第 9 装甲师占领了雷马根的鲁登道夫大桥，并在莱茵河上建立了桥头堡，这里曾是美军进军德国时所面临的最大障碍，但在空中力量的支援下，美军顺利前进，摧毁了一个又一个阻碍。东线，从南斯拉夫到立陶宛，面对苏军的进攻，德军遭到重创。仅 1944 年 1 月至 1945 年 1 月，英美盟军就向德国人口中心城市投掷了超过 4.5 万吨炸弹，德国的各大城市已成为废墟。

毫无疑问，盟军的战略轰炸摧毁了德国战争机器，特别是大大减少了德国飞机的生产制造，也导致德国的经济崩溃、德军士气低落，为欧洲战场的胜利作出了巨大贡献。

美国陆军航空队 B-17 "空中堡垒" 远程轰炸机

动力机翼

第二次世界大战后期，德国军事工业在盟军的连番战略轰炸下几近瘫痪。德国的制造工厂、原材料生产基地、铁路、桥梁、机场等基础设施均遭到毁灭性打击，甚至熟练的生产工人也有较大伤亡。德国的战败只是时间问题，但一部分纳粹死硬派不甘心失败，他们要顽抗到底，哪怕希望渺茫。

战争期间，德国空军拥有当时顶尖的飞机设计能力和飞机制造技术。虽然活塞发动机飞机的开发取得了重大进步，但人们也对当时一些更新更奇特的技术产生了兴趣，例如火箭和喷气推进。作为标准活塞发动机的替代品，德国人开始研制喷气发动机和火箭发动机，这使他们能够建造并投入使用由这些发动机提供动力的更先进的飞机，但这些武器的装备数量很少且为时已晚，无法对战争产生真正的影响。鲜为人知的是，那时他们对冲压喷气发动机的开发也有兴趣。

冲压喷气发动机是经过改造的喷气发动机，具有专门设计的进气口，它的作用是压缩空气，让空气与燃料混合以产生推力，无须轴流或离心压缩机。虽然在理论上这比标准喷气发动机的制造要简单得多，但它在起飞时无法发挥作用，需要借助辅助设备才能让飞机顺利升空。应该指出的是，这并不是新技术，事实上，在1913年一位名叫洛林的法国工程师就为这种发动机申请了专利，但由于缺乏必要的材料，当时不可能建造出完全可操作的原型机，并且需要很久的时间才能完成。在德国，此类发动机的研制工作主要由瓦尔特在20世纪30年代进行，虽然他最初的工作很有进展，但最终放弃了开发

Triebflugel

并转而研制火箭发动机。

　　一直热衷于新技术的福克-沃尔夫公司在1941年表现出了对冲压喷气发动机开发的兴趣。两年后，福克-沃尔夫公司在巴特艾尔森建立了一个新的研究机构，旨在改进现有的冲压喷气发动机。最初的工作很有起色，因为冲压喷气发动机的制造成本比喷气发动机少得多，并且可以提供给飞机出色的整体飞行性能。为此，福克-沃尔夫公司开始了搭配该发动机的战斗机设计工作。这款战斗机的设计目的是能够垂直起飞作战，最初由辅助发动机提供动力，当达到足够高度时，三个机翼尖端的冲压喷气发动机将起动，并旋转整个机翼组件。工程师希望使用更便宜的材料和燃料，使这种飞机可以轻松批量生产。

　　鉴于这些冲压喷气发动机战斗机项目更多的是私人企业的民间设计而不是特殊要求的军事设计，因此它们没有被授予任何标准的德国空军名称。Triebflugel 这个名字可以被称为动力翼飞机、滑翔机，甚至推力翼飞机，为了简单起见，这里将其称为 Triebflugel。

　　Triebflugel 从未离开过绘图板，因此对其总体特征知之甚少，可靠的消息是它被设计为全金属垂直起飞旋翼战斗机，至于机身及其整体构造的信息很少甚至几乎没有。根据现有的图纸，它被分为几个不同的部分。前鼻部分包括飞行员、驾驶舱以及位于飞行员身后放置航炮和弹药的武器部分，在飞机的中心部分设计了一个旋转机构，在它的后面是主要的燃料储存库，并且在机身末端放置了四个尾翼。

　　这架飞机采用了不寻常且激进的三翼设计，机翼与机身相连，而小型冲压发动机则放置在机翼的尖端。得益于旋转轴环，机翼能够绕机身旋转360度，它们的间距可以根据飞行情况进行调整。为了提高飞行过程中的稳定性，尾翼安装了后缘，飞行员通过改变俯仰角来控制飞机的飞行速度。只有达到足够的速度（240千米/时以上），三台冲压喷气发动机才可以起动。旋转机翼的直径为11.5米，面积为16.5平方米。三台冲压喷气发动机每台能够提供

约 840 千克的推力，为帕布斯特公司开发，直径为 0.68 米。飞机的燃料是氢气或其他燃料，预计可达到的最高速度为 1000 千米 / 时。然而，冲压喷气发动机的主要缺点是它们无法在飞机起飞时使用，因此必须使用辅助发动机，虽然没有说明具体类型，但至少提出了三种不同的发动机（包括喷气发动机、火箭发动机或普通活塞驱动发动机）。

起飞时，Triebflugel 旋翼会倾斜，以便产生更大的升力，就像直升机一样。一旦飞机获得足够的高度，就可以开始进行水平飞行。水平飞行需要微小的迎角，以使旋翼提供所需的向下推力和向前推力，因此前机身中的四门机炮相对于机身中心线略微向下倾斜，旋翼是唯一在水平飞行中产生升力的部件。

着陆时，飞机被拉起垂直于空中，然后减小推力，开始缓慢下降，直到起落架接触地面。对于飞行员来讲，这将是一个棘手又危险的操作，因为飞行员坐在驾驶舱中，在这个位置看不到他正后方的地面。Triebflugel 的起落架由四个较小和一个较大的中心轮组成，较小的轮子放置在四个尾翼稳定器上，而较大的中心轮放置在机身后部的中间。较大的中心轮旨在支撑飞机的整体重量，而较小的轮子则用来提供额外的稳定性。每个轮子都封装在一个球形保护盖中，保护盖在飞行过程中会关闭，猜测是为了提供给飞机更好的空气动力学特性，也起到保护轮子免受任何潜在损坏的作用。有趣的是，所有五个起落轮都是可伸缩的，尽管它们的位置很奇怪。此飞机的武器装备包括两挺 MK103 机炮，备弹 100 发；两挺 MG151 机炮，备弹 250 发。机炮被设计在飞机机头的侧面，备用弹药箱位于飞行员座椅后。

尽管它的外观具有未来感，但 Triebflugel 从未建成，到战争结束时仅仅制造并测试了一个小型木制风洞模型。在这次测试中，工程师注意到飞机的速度已经接近声速。这架飞机的设计资料在战争结束时被美国缴获，美国最初对这个概念表现出了浓厚的兴趣，并在一段时间后继续利用其设计思路试验和开发了一系列飞机。

至少可以这样说，Triebflugel 的整体设计很不寻常，是将飞机带上天空的

Triebflügel

全新概念。战后接受盟军情报部门询问的福克-沃尔夫公司工程师表示，与更正统的设计相比，Triebflugel 具有许多优势，如整架飞机可使用廉价的材料制造、能够达到很高的速度、不需要大型机场来起飞等。但实际上，这架飞机在当时建造和使用起来太复杂了，因为，只有整个旋翼系统完美运行，飞行员才能有效地控制飞机，如果一台（或多台）冲压喷气发动机无法正常工作飞机就会失控，飞行员很可能不得不弃机跳伞，因为他再也无法对飞机进行任何形式的有效控制。

关于 Triebflugel 整体设计的主要问题是它是否能够成功飞行，尤其是考虑到其激进、未经测试且过于复杂的设计，这是一个很大的问号。虽然对 Triebflugel 所谓的飞行性能存在一些粗略的估计，但这些是否能够在现实中实现也很值得怀疑，整个 Triebflugel 项目从未真正引起德国空军的兴趣。虽然 Triebflugel 只存在于图纸上没有被制造出来，但其设计思路确实非常独特，至今也极为罕见。Triebflugel 在战后被美国进行了系统性研究，由此开发出了 XFV-1 验证机，虽然不是一回事，但借鉴了其思路。

Triebflugel 有着非同寻常的另类设计，搭配冲压喷气发动机使之变成垂直起降战斗机的想法独辟蹊径，现实中虽然没有制造成功，但在 20 世纪 40 年代这绝对算得上是顶尖设想。装备服务于需求，前文中简略说明了飞机设计流程，这款飞机显然不符合基本要求和规范。目前说 Triebflugel 是福克-沃尔夫公司的自发行为未免有些牵强，这款战斗机还是极力想要获得德国空军的青睐，赢得订单，但那时德国空军已经覆灭，没有人会瞥一眼 Triebflugel，项目胎死腹中是必然。再先进的理念，再独特的设计，也挽救不了纳粹德国的失败，战争不是靠一两种先进装备赢得的，更多的是正义性和民心所向。

02 — 孤注一掷

Triebflugel

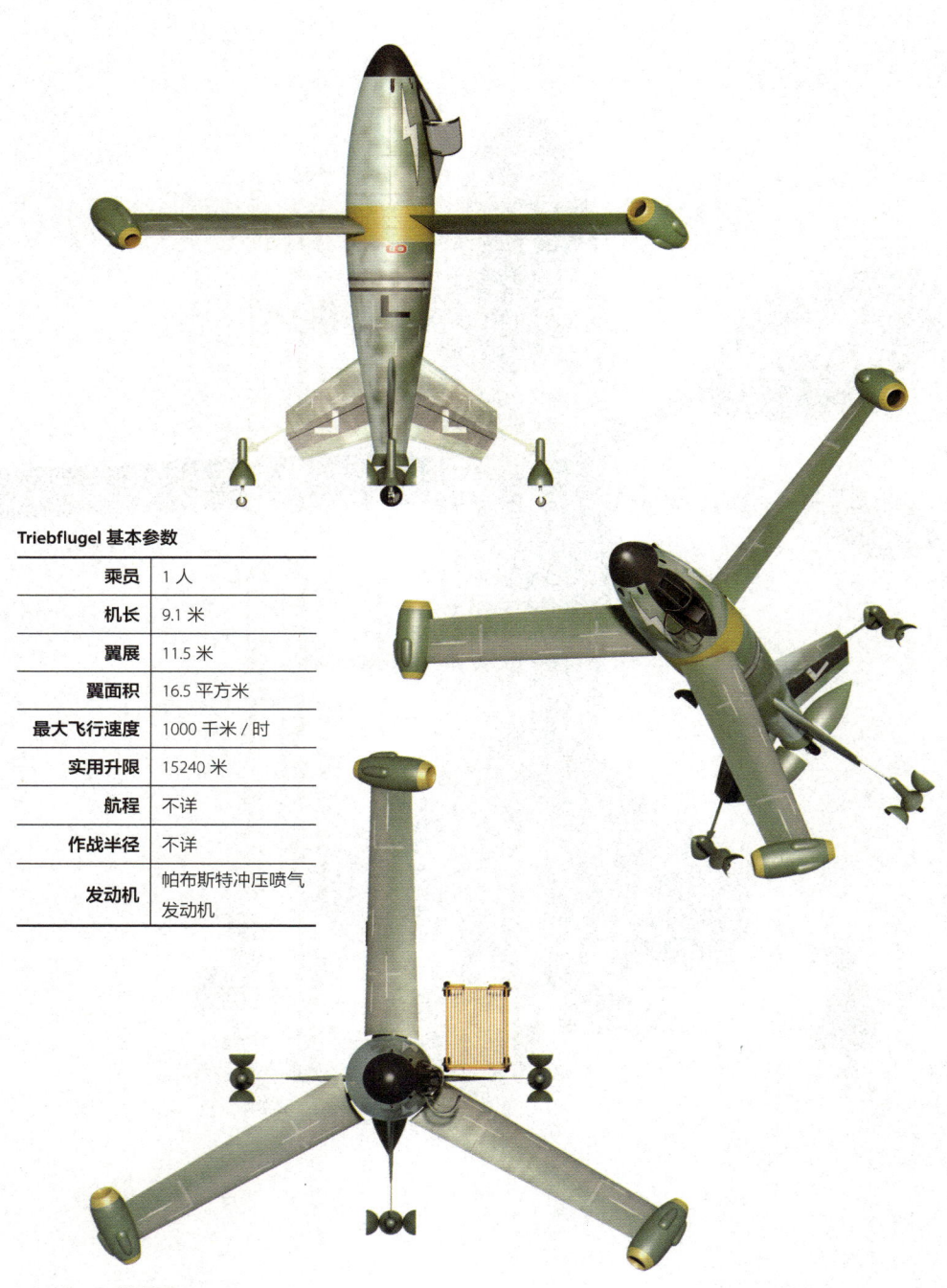

Triebflugel 基本参数

乘员	1 人
机长	9.1 米
翼展	11.5 米
翼面积	16.5 平方米
最大飞行速度	1000 千米/时
实用升限	15240 米
航程	不详
作战半径	不详
发动机	帕布斯特冲压喷气发动机

Triebflugel 外观图

"燃煤"之急

1909年，德国柏林滕珀尔霍夫机场上空。航空先驱，伟大的飞行家美国人奥维尔·莱特（与威尔伯·莱特并称为莱特兄弟）正在德国上空驾驶飞机进行演示飞行，精彩绝伦的飞行表演吸引了地面上的每一位来宾，其中有一位少年，他的名字叫亚历山大·马丁·利皮什。

利皮什出生于慕尼黑，对新鲜事物和科技非常感兴趣，这是他第一次看到飞机翱翔蓝天，对航空的兴趣就此开始。第一次世界大战期间，他在德国陆军服役，非常幸运地担任了航空摄影师和制图员的工作，这将他与飞行的联系又进一步加强。一战后，德国百废待兴，利皮什进入齐柏林飞艇制造有限责任公司工作，随着工作经验与资历的增长，他在1925年担任了一个滑翔机制造组的总监，从此，他开始了飞机设计工作。工作中，利皮什特别专注于无尾三角翼和火箭发动机的设计，并深入其中研究多年。1939年，就在第二次世界大战的炮声即将震响欧洲之际，利皮什开始研究三角翼超声速战斗机，并于1944年设计出了大名鼎鼎的P.13A。直至战争结束，利皮什的P.13A也没有进行正式试飞，利皮什本人也因"回形针行动"[一]被带到美国，但P.13A对于无尾三角翼和超声速飞行的探索发展具有非常重要的影响。其

[一] 回形针行动：第二次世界大战末期，美国把超过1600名原纳粹德国科学家、工程师和技师秘密转移到美国的一次行动，主要由美国陆军的特工完成。其中大部分德国的科技人员是纳粹党的前成员，有些是前领导人。回形针行动的主要目的是获取美苏冷战的技术优势。

中法国达索和瑞典萨博受其影响颇深，至今还能看出这两家公司的产品偏爱无尾三角翼。

1944年德国开始受到两线齐进的压力，苏军在东线一路挺进，西线的盟军跃跃欲试想要尽早打到德国本土结束战争，德国的形势岌岌可危。为了应对西线盟军成群的轰炸机，德国空军疲于奔命，但收效甚微。战略轰炸使德国众多基础设施遭到严重破坏，即使暂时安全也难逃明天被摧毁的命运。德国需要破局，需要"救世主"，阻止盟军轰炸机群的战略轰炸成为最急迫的任务，P.13A就在这种危局下诞生了。

P.13A的外形十分奇特，酷似我们都玩过的纸飞机。该机机身总体呈三角形，机身扁平，在三角形机翼中央隆起了一个非常怪异的驼背，这就是驾驶舱，这样的设计旨在维持高速飞行时的稳定性。飞行员脚下就是冲压喷气发动机燃烧室，布置简单高效。德国在战争末期好似偏爱冲压喷气发动机和火箭发动机，其实这是一种现实的无奈：搭配活塞发动机的BF-109和FW-190战斗机已经达到了螺旋桨战斗机性能的巅峰，几无潜力可挖，且生产工厂在盟军轰炸之下也相继成为一片废墟，而冲压喷气发动机和火箭发动机制造工艺相对简单，技术含量也没有喷气发动机那么高，便于生产，对于战略物资捉襟见肘的德国来说也是一种不错的选择。东线战局失利之后，罗马尼亚产油区遭到破坏，燃料供应已经接近枯竭，使用什么燃料作为推进剂又是一个现实难题。利皮什想到了煤炭，他认为煤炭甚至比液体燃料更有效，就这样，世界航空史上的一种奇葩机型诞生了，烧煤的"火"机。

冲压喷气发动机是一种利用前向运动来压缩空气进入发动机，可以不使用带有可旋转叶片压缩机的发动机。冲压喷气发动机无法在空速为零时产生推力，因此无法使飞行器从静止起动。冲压喷气发动机主要是利用高速迎面气流进入发动机后减速使空气增压，通常由进气道（又称扩压器）、燃烧室和喷管组成。航空器飞行时，经压缩后的空气进入燃烧室与燃料混合进行燃烧，生成的高温气体在喷管中膨胀加速后排出，产生推力。在上文简述的福

P.13A

那些奇怪的飞行器：航空探索

P.13A 基本参数	
乘员	1 人
机长	6.7 米
翼展	6 米
翼面积	不详
空重	2295 千克
实用升限	不详
航程	不详
发动机	Kronach Lorin 燃煤冲压喷气发动机

P.13A

克-沃尔夫动力机翼就是采用翼尖冲压喷气发动机作为驱动力，P.13A同样使用冲压喷气发动机作为动力，只不过燃料变成了煤炭。P.13A使用进气管道内的金属丝网篮"筛选"合适的煤炭供应（颗粒大小），从而使管道内发生链式反应，产生所需的燃料，最终产生一氧化碳并点燃，产生的烟雾将在高压下混合，并通过飞机后部的排气口喷出，产生所需的推力。但事实证明利皮什是错误的，这种装置效率低下，根本无法提供所需动力，后经大规模改进才最终进行了成功的测试，效果尚好。

飞机升空作战，需要使用机枪、机炮或者各式航弹、火箭弹等武器对敌攻击，但P.13A什么都没有，只有坚固的机身和不畏死的飞行员。P.13A被证明无法安放武器，机体过于小巧导致没有安装机炮的空间，而飞机机身设计得相对坚固，可以使用厚实的机翼对敌方轰炸机进行撞击，使其解体。撞击后，P.13A的飞行员随即跳伞逃命，所以这就是一款一次性的自杀式战斗机。

战争的局势没有给利皮什证明自己异想天开的实践机会，仅仅进行了一个名为DM-1的无动力滑翔测试后德国就投降了，该型飞机的研发随即终止。尽管诸多文献反复说明P.13A是一项单纯的航空科学研究，但这些说法都没有说服力。1944年的纳粹日薄西山，需要拯救者横空出世，需要奇迹。面对东西两方向雷霆万钧的炮火怒吼，德国油尽灯枯，黔驴技穷。P.13A是异想天开也好，创意十足也罢，最终的命运已经确定。这是利皮什的无奈，更是德国大势已去的写照。

南朝刘宋王朝，临川王刘义庆组织一批文人编写的传世佳作《世说新语》中有这样一篇记载：

周伯仁母冬至举酒赐三子曰："吾本谓度江托足无所，尔家有相，尔等并罗列吾前，复何忧？"周嵩起，长跪而泣曰："不如阿母言。伯仁为人志大而才短，名重而识暗，好乘人之弊，此非自全之道。嵩性狼抗，亦不容于世。唯阿奴碌碌，当在阿母目下耳。"

大意是：寒冬，周伯仁的母亲在家宴上赐酒给三子时说："我本想到了江

南没有依托立身的地方，幸好我几个儿子都有出息，你们几个都在，我就没有什么好担忧的了！"周嵩起身，长跪于地并泪流满面地说："大哥伯仁不如母亲所言。大哥伯仁为人志大才疏，名声大但是见识不高，喜欢利用别人的缺点，这并非保全自己的为人之道。我这个人生性阴鸷凶狠，也不会受到世人的喜爱。只有三弟可以让母亲幸福啊。"

这就是成语"志大才疏"的来历。正如 P.13A 一般，名气很大，问题也不少，只能利用偷鸡摸狗的战术偷袭，根本不是取胜之道。历史已经证明，任何反人类的武装集团最后的命运只有覆灭，再花哨的小动作终究是徒劳无功。

P.13A 外观图

赎罪飞行

1945年3月1日，晴，有低云，德国霍伊伯格军事训练区，刚刚订婚的德国巴赫姆公司试飞员洛塔尔·西贝尔钻进一架简陋的飞行器中准备这次"赎罪飞行"。

西贝尔出生于1922年，是一位非常有才华的年轻飞行员，在第二次世界大战中他服役于德国空军第51中队，被授予中尉军衔，参加了对苏联的入侵作战。这位年轻的飞行员能够驾驶多种型号的战机，其中包括战场上缴获的美制B-17"空中堡垒"轰炸机和苏制TB-3轰炸机。就是这样一位看似优秀又才华横溢的飞行员，因在东线战场酗酒而被降级处分，还被监禁了一个半月时间，之后他又驾驶阿拉多Ar232飞机执行多次任务，被授予一级铁十字勋章。1944年12月，西贝尔进入巴赫姆公司成为一名试飞员。1945年2月，巴赫姆公司准备进行Ba-349火箭动力截击机的首次载人试飞，他们的目光瞄准了西贝尔。巴赫姆公司对西贝尔做出承诺，只要执行这次的飞行任务，即可将其恢复为中尉军衔。尽管面临巨大风险，西贝尔在得到公司保证后，还是踏上了这条不归路。3月1日是Ba-349火箭动力截击机的首次载人试飞，也是西贝尔的"赎罪飞行"。

Natter，德文解释为无毒的水游蛇，亦称草蛇，分布于欧洲、非洲西北部，向东到中亚及蒙古，南到伊朗、土耳其以及中国新疆等地，一般栖息于林区溪流附近或其他各类水体附近，这就是德国Ba-349火箭动力截击机的绰号。

Ba-349 火箭动力截击机

Ba-349 火箭动力截击机由德国巴赫姆公司研制，是为了对抗成千上万盟军轰炸机对德国本土持续性战略轰炸而专门开发的一次性截击机，动力装置为火箭助推。该飞机于 1944 年初正式展开设计制造，最初的代号为 BP-20，后改为 Ba-349"Natter"。这款飞机的机身结构极其简陋，采用木质和胶合板等材料，与常见的那些昂贵的航空器大相径庭。与其说这是一架飞机，不如说它就是一枚木头火箭插上了水平安定翼。该机机头前缘装载了 24 枚航空火箭弹，用于打击敌方空中目标，HWK109-509A 型双燃料液体火箭发动机布置在机身尾部，四个斯密丁 533 固体助推火箭布置在尾部外侧四周，构型就像我们常见的捆绑式火箭，又好似一种烟花："窜天猴"。如果再往前找相似源，更类似于前文讲到的火龙出水。这种构型的飞行器不需要起落架，而是使用金属塔一样的发射架将其竖起，点燃助推火箭将其带上天空，待助推火箭燃料耗尽，主火箭发动机点火，Ba-349 将飞上万米高空寻找敌方空中目标，再重新调整机头指向进行瞄准。当飞机机头整流罩抛离，火箭弹发射后，飞机减速下降至 1000 余米高度，飞行员控制机身中段的爆炸螺栓将机身与火箭发动机分离，火箭发动机自动打开降落伞降落地面，飞行员弃机跳伞逃生。机身使用廉价材料的根源就在于此，一次性的材料扔掉也不可惜。飞机可以一次性，珍贵的发动机要回收，至于飞行员，那就只能自求多福了。飞行员怎么逃？能逃出来吗？即使成功飞上万米高空，笨拙的飞机几乎没有什么机动性可言，被盟军轰炸机机枪击中的概率比飞机成功开火的概率要大得多。

1944 年 11 月，He111 型飞机拖曳着 Ba-349 进行了首次滑翔飞行测试，飞行基本成功，达到了设计要求，继而转入垂直发射测试。1945 年 2 月下旬，携带假人的 Ba-349 原型机成功飞行，在这次测试飞行中，代号 M22 的验证机在起飞 40 秒后成功上升至 6000 米高度，随即转入无线电控制滑翔降落，测试达到设定目的，假人安全落地。由于战事紧迫，载人试验在几日后就开始实施，迫切想要恢复中尉军衔又热爱飞行的西贝尔成为这次飞行的试飞员，与其说是志愿者，不如说这是为了前途荣誉和赎罪的一次亡命之旅。

西贝尔用力关闭座舱盖，发现舱门居然使用的是民用家具用的铰链，飞机如此简陋也是出乎他的预料。他深吸一口气，"飞完这次就可以恢复荣誉，还有军功章和额外的奖金，然后就结婚。"西贝尔喃喃道。紧接着，这个丑陋又怪异的飞机在没有准备充分的情况下，就在助推火箭的仓促点火中飞离了发射架。刚刚上升至500米左右，那个铰链就坏了，座舱盖飞离了机身，西贝尔在露天状态下瞬间失去知觉，在飞机巨大加速度的影响下他的脖颈直接被扭断，随后肢体触碰到了操纵杆使飞机偏转失控，发射仅仅半分钟后，Ba-349和西贝尔一起砸向地面，飞行测试和"赎罪飞行"都失败了，双双化为灰烬。

Ba-349在其后又进行了几次无人飞行测试皆取得了成功，在飞机还没有完全成熟的条件下，德国军方紧急购买了200架，但飞机还没有来得及参加战斗，盟军的坦克就把工厂包围了，Ba-349项目被迫终止。

西贝尔戏剧性地成了首个乘坐"火箭"垂直升空的人，在西贝尔失事之后，巴赫姆公司对Ba-349的首要改进任务竟然是加固座舱盖铰链，也算吃一堑长一智。这型设计初衷十分偏激大胆的飞机与其罪恶的政权一同被战火焚毁，西贝尔就如同纳粹的命运，有野心但选错了道路，最终的结果必然是走向灭亡。

致使Ba-349如此不要命般匆忙试飞的原因是什么呢？1945年的德国已经丧失了制空权，战败只是时间问题，盟军全天候的战略轰炸使德国飞行员疲于奔命、损失殆尽，制造工厂和原材料来源都近乎为零。在这种情况下，那些看似疯狂的设计和大胆的思路一瞬间被迫变为现实选择，这并非所谓的纳粹黑科技，而是出于现实的无奈。一众的所谓"纳粹末日战机"项目无一例外要求使用廉价材料，尽可能减少对金属的依赖，这才出现了"胶合板"飞机这种极不寻常的另类飞行器。Ba-349的设计目标是飞到上万米高空，虽然没有一架在测试中达到这个高度，但"胶合板"飞机在巨大的动能和如此高度上，即使机身没有解体，座舱内的飞行员也大概率会因为高空寒冷和失压而死亡。设计是一回事，实际则完全是另一回事，Ba-349根本就是彻头彻

Ba-349 火箭动力截击机

尾的失败之作。倘若飞机制造工厂可以正常运作，原材料供应没有中断，那么便宜、好用、性能高的 BF-109 和 FW-190 才是德国的最佳选择，而不是那些稀奇古怪的家伙们。正是因为优秀飞行员的大量损失，这才出现了 Ba-349 这一型无须经验丰富即可操作的"简易"飞行器，这恰恰反映出德国优秀飞行员已经枯竭的现状。美军缴获了几架还没有来得及被破坏的 Ba-349 并拉回本土，进行测试后对其评价极低，认为这是一个失败的作品。

在飞机设计规范中，Ba-349 从论证阶段就出现了偏差。其作战使命、任务、环境和对象都不明确，技战术指标模糊，一次性作战的设计初衷也谈不上什么后勤维护保障。Ba-349 近乎开玩笑一般的所谓试飞，早已不是规范执行的范畴，用时间、工程师的努力和飞行员的生命来进行赌博，这跟飞机的科学设计完全不是一个概念。

早在 20 世纪 30 年代初，德国著名航天专家冯·布劳恩[一]就提出了垂直起降飞机的设计计划，但当时这项计划遭到了官方否决。1939 年，德国吞并了捷克斯洛伐克和奥地利，彼时德军气势如虹野心膨胀，几个月后波兰战役即将打响。放眼那时的欧洲，英法绥靖软弱，军事力量虽不弱，但士气低落。那时欧洲各国武器装备水平大致处于同一水平线，德国技术装备水平仅略微占上风，但第二次世界大战爆发之时，德国空军横扫欧洲，他们如同秋风扫落叶一般击败其他各国空军，开始飘飘然了。德国空军甚至讥笑道："对手在哪？"

当时德国高层认为冯·布劳恩的垂直起降战斗机简直就是一个愚蠢的笑话，科学研究尚可，拿那种东西去打仗是不现实的，更何况德国空军那时装

[一] 冯·布劳恩（1912 年—1977 年），出生于德国。第二次世界大战期间他是德国著名的火箭专家，对 V-1 和 V-2 火箭的诞生起到了关键性作用。战后，因美国实施的"回形针行动"，布劳恩来到美国，后于 1955 年加入了美国国籍。之后他继续在美国从事火箭、导弹和航天研究。1969 年，他所主导设计的"土星 5 号"运载火箭将第一艘载人登月飞船"阿波罗 11 号"送上了月球。因其在航天领域非凡卓越的成就，冯·布劳恩被誉为"现代航天之父"。

02 —— 孤注一掷

Ba-349 火箭动力截击机基本参数	
乘员	1 人
机长	6 米
翼展	4 米
翼面积	4.7 平方米
空重	880 千克
最大起飞重量	2232 千克
最大飞行速度	1000 千米 / 时
实用升限	10000 米
航程	不详
作战半径	不详
发动机	HWK109-509A 火箭发动机

Ba-349 火箭动力截击机

备着欧洲综合性能最顶尖的战斗机——BF-109。

尽管英吉利海峡上空的行动计划受挫,但并没有让德国空军有一丝危机感和紧迫感,狂妄自大的德国空军继续担当着纳粹的急先锋。不出几年光景,欧洲第二战场开辟,而德国在阿登森林进行的反击战基本等于回光返照,任何努力也阻止不了盟军轰炸机机群的狂轰滥炸,德国的空中优势土崩瓦解。1944年在东西两线的极大压力之下,德国空军损失殆尽,曾经的辉煌都湮灭在末日余晖之中。垂死挣扎,困兽犹斗,德国人这时候又想起了几年前那个垂直起飞战斗机的计划。

在1944年年初到1945年上半年这段时间,德国好似一瞬间涌现出一大堆所谓末日战机。那些飞机设计得千奇百怪,原因上文提过,这里不再赘述。动力机翼的奇怪飞机设计思维后来被美国人采纳吸收,开发出XFV-1等系列验证机。飞翼布局的Ho-229飞机为日后类似布局的先进战机打下了基础,至少是一种具有前瞻性的科学探索。可Ba-349在科学研究方面没有一丝可取之处,后来很多载人垂直起降战斗机的诞生都与它没有任何关系,根本没有任何技术方面的继承,所以这就是一场闹剧,是草菅人命的屠刀。不过有一点需要说明,Ba-349即使设计非常失败,也没有任何技术特点,但还是尽可能保留了人员逃生出口,允许飞行员逃离,说其草菅人命不顾飞行员死活是相对于美、英、苏等国的先进战机而言。同一时期的太平洋战场,日本军国主义飞行员在"天照大神"的感召之下被封死在驾驶舱内,于茫茫大海中寻找美国舰队,试图使用飞机携带的高爆炸弹直接撞击美军军舰与其同归于尽,这就完全是反人类的无耻行为了。

纳粹的丧钟已经敲响,没有什么末日战机,也不是所谓纳粹黑科技,以不计人员伤亡的代价和抛弃科学规律的仓促设计,想要拯救所谓帝国命运都是痴心妄想的行为。罔顾现实,自不量力,智术浅短,遂用猖獗。历史,不会给予正面的评价,那些所谓纳粹黑科技和垂死挣扎、负隅顽抗的纳粹死硬派,会被一起丢进人类文明的垃圾堆。

02 — 孤注一掷

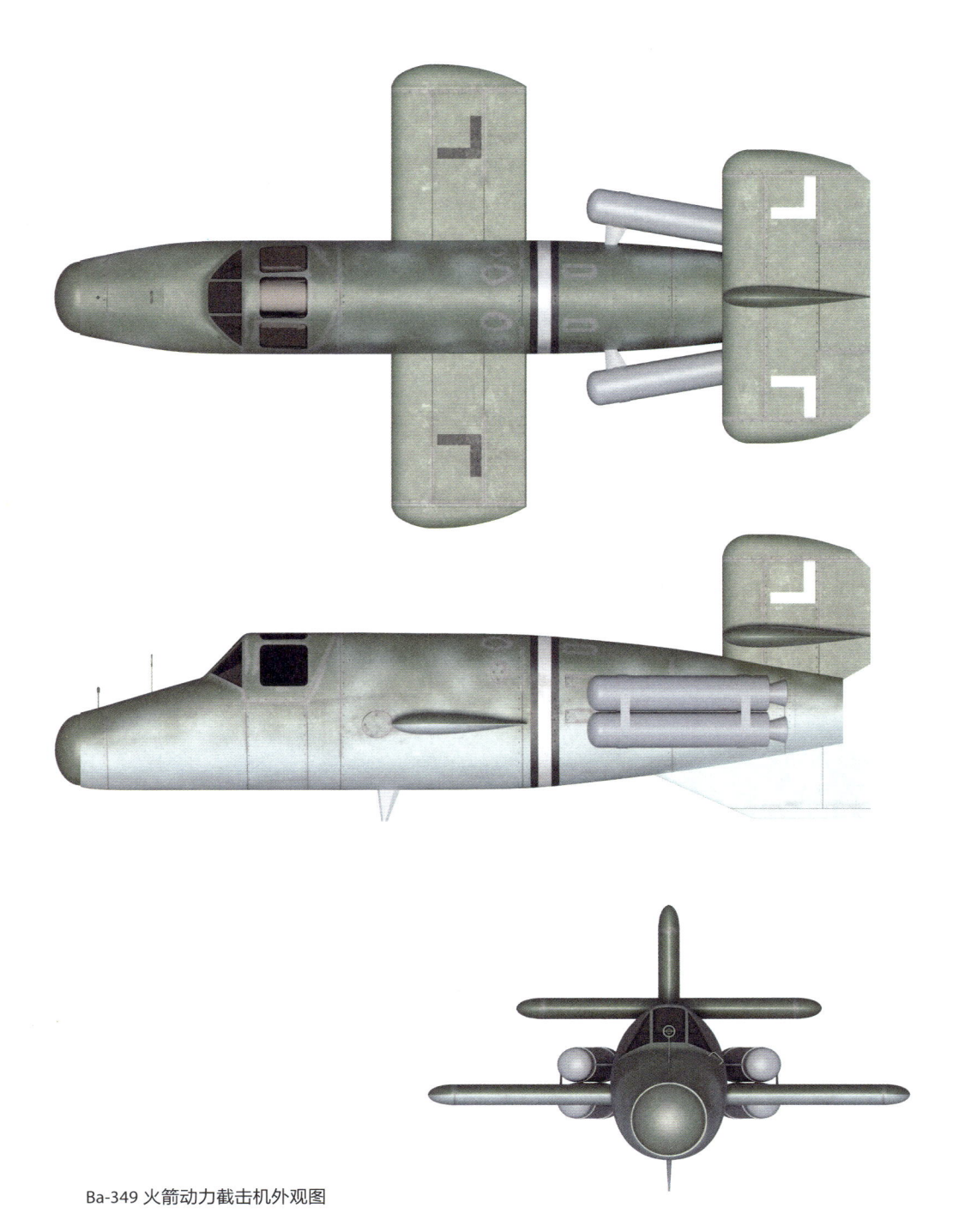

Ba-349 火箭动力截击机外观图

069

那些奇怪的飞行器
航空探索

03 原地起飞

环翼甲虫

1959 年 7 月 25 日，法国巴黎近郊斯奈克玛研究中心默伦 - 维拉罗什基地机场跑道的上空，由经验丰富的试飞员奥古斯特·莫雷尔操纵着一架外形奇特非常规的飞行器正在进行科研试飞。就在飞行高度达到 950 米时，飞行器突然不受控地下坠，莫雷尔在距离地面仅 50 米时弹射逃生。这架外形古怪的飞行器就是法国斯奈克玛 C.450"甲虫"环翼验证机，这是其第 9 次也是最后一次飞行试验。

第二次世界大战欧洲战场的硝烟随着纳粹德国的覆灭而逐渐散去，各国却没有得到喘息，冷战的阴云笼罩着欧洲，第三次世界大战的战鼓随时可能敲响，和平的曙光遥遥无期，恐怖的核战争威胁着西欧。随着"马歇尔计划"的出台和丘吉尔"铁幕演说"的影响，东西方两大阵营由二战盟友转变为冷战对手，欧洲犹如一颗已经起动的不定时炸弹，战争风险急剧增加。备战，成为当时欧洲各国的首要任务。一场轰轰烈烈的军备竞赛由此拉开了帷幕，各式新奇古怪的军事装备应运而生，其中法国垂直起降飞行器颇为亮眼。

提到法国的航空企业，达索公司是其中最为著名的一家。达索公司当时正在研制 MD450"暴风"型喷气式战斗机，这也是法国的第一款喷气式战斗机。大家对达索公司并不陌生，"幻影"与"阵风"系列战斗机大名鼎鼎，早已成为法兰西的空中名片。而很多人或许对法国斯奈克玛公司（SNECMA）不太熟悉，甚至有些陌生，它在喷气式战斗机研发领域的名号不如达索，因为这是一家以研制生产航空航天动力装置为主的研发单位，著名的"阿丽亚娜"系列火箭发动机就是由斯奈克玛公司为主要研发公司研制的。这家公司也有"不务正业"的时候，C.450 就是他们的杰作，这是一架迄今为止仍被广大航空爱好者津津乐道的奇怪飞行器，也是环翼机的绝唱。

鉴于第二次世界大战的经验，飞机跑道及其附属设施是战争开始后第一批被重点打击的目标。常规战斗机构造皆为机翼加各种舵面，需要长距离跑道进行起飞降落进行作战，这极大增加了防空和机场保护的压力与负担。防空从来都没有万无一失之说，一旦机场被打击，己方战机无法升空，空中优势被削弱，这对战争的影响是巨大的。如前文大量篇幅所述的战略轰炸，在战争初期谁将敌方重要军事设施尽可能的摧毁，谁就占据着优势和主动权，制空权的建立和丢失都将对战场局势起到至关重要的作用。倘若机场被摧毁或受到不同程度的打击怎么办？这个问题在 20 世纪 50 年代始终萦绕在各国航空设计师的脑海中，研制不依赖常规机场跑道的战斗机是那时各国都在探索的一项前瞻性科学研究，法国人走出了一条截然不同的道路。

赫尔穆特·冯·兹博罗夫斯基，奥地利工程师，在第二次世界大战期间曾就职于德国巴伐利亚机械厂火箭推进部门，战后加入法国斯奈克玛公司。他热衷于一个大胆且新颖的概念：环翼机。斯奈克玛公司与兹博罗夫斯基的想法不谋而合，很快，法国人独到的 VTOL（Vertical Take-Off and Landing，垂直起降）战斗机计划出炉。

1956 年，法国人的首架无翼垂直起降飞行器原型机测试成功，被命名为 Atar Volat。因其测试结果非常成功，遂决定在其基础上建造一架全新的飞机：C.450 "甲虫"。若说 20 世纪 50 年代至 20 世纪 60 年代哪国飞行器外形最美观，这个标准因人而异，亦相当主观，但说哪个飞行器最丑最独特，C.450 无可争议地拿下桂冠。

几乎同一时期，美国研制了 XFV-1 与 XFY-1 等垂直起降飞机方案，这些方案虽然起降方式较新颖，但飞机的大致构型与传统飞机相差不大。如 XFY-1 验证机，如果不仔细观察，它与传统战斗机似乎无异，无非排除了需

C.450

要常规跑道的起飞方式，尽管有所创新，但也属中规中矩。反观这架C.450，整个机身呈圆柱形，抛弃了传统飞机上必备的垂直安定面等设计，类似同心圆一样的环状结构代替了机翼，外形好似如今我们常见的民航客机的发动机，而法国斯奈克玛公司恰恰就是以研制设计发动机见长的企业，C.450正好在自己擅长的领域独树一帜，与其说这是一架飞机，不如说这就是一台可以自由操纵飞行的冲压喷气发动机。C.450"甲虫"整机采用全金属半硬壳结构，由高强度铝合金制造，机长6.75米，环翼外径3.2米，内径2.84米，弦长3米，最大厚度0.18米，等效翼面积约为18平方米。C.450的机翼轮廓相对厚度值上下浮动百分之六且不对称，事实上，为了避免局部气流出现超声速区，在下表面选择了比上表面更小的弯度，以便在两侧获得相同的局部速度。在环形机翼上由于中心体的存在，内部的流速大于外部的流速，因此有必要减小下表面的外倾角，以达到将速度值降低到与上表面相当的数值，这就是为什么从空气动力学的角度来看环形机翼可以与双翼飞机进行比较，但不会有明显的气流分离。所有通过机翼中心的升力通过飞机中心（纵轴），任何原因产生的局部分离都不会像传统机翼那样产生不对称效应，并且C.450不会失控滚动，除非飞行员主动操控。

C.450的环翼内有三根翼梁，第一和第二根翼梁间是机翼整体油箱，载油量为700千克。机身通过十字形支撑结构与环翼连接，十字形起落架底部安装小直径万向机轮，起落架支柱外侧安装有四片三角形十字舵面，除此之外没有副翼，算上十字舵后该机的翼展为4.51米。这架飞机的问题之一是飞行员驾驶室的位置，驾驶舱位于飞机的机头，因此飞行员在着陆过程中必须不断回头观察距离、位置等信息。而在这样的位置上，很难正确评估飞机与地面的距离。为了解决这个问题，聪明的法国人在C.450驾驶舱内设计了一个特殊的旋转座椅，可以根据飞机飞行方向和驾驶舱位置进行调整。

环形机翼与双翼飞机的升力曲线相当，其表面等于双翼机翼投影表面的两倍。风洞测试表明，即使迎角为30度至40度，气流也没有出现分离。尽

管在正常飞行中，环形机翼的一部分是无用的，但至少在升力方面，单位面积的结构重量仍然有利于该机翼。从结构上讲，环形机翼与传统机翼非常不同，因此需要进行专门研究，这花费了几年时间。这些理论研究旨在确定适用于双壳结构的计算方法，因为环形机翼又回到了由外蒙皮和内蒙皮组成的双层体的概念，所以其设计必须仔细。

此外，还需要测量机翼前部储存的燃料所产生的力，C.450 的燃料分布在四个呈十字形的油箱中。在飞行过程中，这些油箱中的液位下降显然是不对称的，对于两个上部油箱来说，液位从顶部向轴线下降，对于两个下部油箱来说，液位从轴线向底部下降，所有这些都涉及结构必须仍然保持的不对称力。此外，C.450 还对环形机翼的抗压强度进行了极其广泛的静力测试，将以此方式硬化的圆柱体浸入水槽中以测量周边应力，随后圆柱体本身也充满水，并在圆柱体外部施加压力，从而将该压力分布在整个表面上。斯奈克玛公司制作了大约三十个模型用于前期测试，在每次测试中，都会改变高度、厚度、间距，甚至加强筋的形状等，直到找到最轻且强度最大的结构配置。应该指出的是，最终选择的结构出奇的简单。

C.450 的两层机翼蒙皮具有双弯度：一个由于圆柱体轮廓而沿纵向（轴向）方向，另一个沿周向方向。这种结构的结果是，无论空气流速是多少，都会产生牵引或压缩载荷，但不会产生我们所理解的飞机机翼的弯曲。至于圆柱形机翼的扭曲，与圆柱体一样为零，唯一的集中弯曲力是由机翼到机身的载荷传递产生的。这些载荷也由主框架和四个纵向翼梁支撑，四个纵向翼梁也支撑起落架的四个"腿"。C.450 起落架的支撑力通过连接机身和机翼的四个"腿"直接传递到机身，而机翼不会受到其他影响。如果发生撞击，侧向力会被后框架吸收，后框架又会将这些力分散到整个蒙皮上。斯奈克玛公司在环形机翼方面所做的工作，目前在世界上仍然没有竞争对手，该公司研制出了一种极轻且具有较强刚性的机翼。

研究人员在极坐标曲线和稳定性曲线的研究中发现，从 20 度的迎角开始，飞机的纵向稳定性会显著增加，但这会损害机动性，此现象在飞行员接近倾斜状态、飞机需要最大的机动性时会表现出来。因此，C.450 在机头设计了一个可伸缩的鸭翼，将稳定性调节到正常值。风洞测试表明，在这些机头向上的飞行状态下，鸭翼与进气口之间存在良好的相互作用，可以很好地控制飞机，而无须增加发动机的推力。

C.450 机身长度为 6.75 米，最大高度位于座舱盖右侧为 1.675 米，最大宽度位于进气口后面为 1.6 米。前部的形状取决于驾驶舱座舱盖的形状，其独特的旋转座椅沿座舱圆心旋转。此外，这种设计满足了飞行员对能见度的要求，飞行员通过在下部侧窗和地板观察

C.450

窗进行瞭望。除了机身的布局和设备之外，我们可以看出该飞机分为三个重要的部分：前面有鸭翼的驾驶舱、进气口和发动机。

C.450 驾驶舱中可调角度的弹射座椅可使飞行员能够以垂直、水平以及介于两者之间的所有角度驾驶飞机。在水平飞行中，飞行员会观察位于他面前的普通仪表，而左侧控制台则将垂直飞行控制仪表组合在一起。水平飞行时，弹射座椅会向后倾斜 10 度，而在垂直飞行中，弹射座椅则向后倾斜 45 度，这种设计方式让飞行员难以使用方向舵或传统踏板来控制飞机偏航运动，为此这个功能也被转移到手柄上，使用手柄旋转。若座椅倾斜，则操纵杆相对于平面绝对固定，这对于保持垂直起飞状态下的飞行控制是有利的。因此，C.450 由操纵杆控制所有控制面，无论是水平飞行还是垂直飞行。

C.450 的飞行员坐在一种特殊的弹射座椅上，它包括了一个降落伞，打开速度非常快，但无法在非常高的速度下运行。在速度为零时弹射，这种降落伞可以非常快速打开。

C.450 安装有一台带偏流板矢量喷管的 101E-5V 冲压喷气发动机，最大推力为 3690 千克，飞机最大起飞重量 3000 千克，推重比达 1.23。该机在垂直起降时的低速俯仰姿态控制由矢量喷管负责，高速俯仰姿态控制由十字舵负责，两者共同完成垂直起飞到水平飞行的姿态转换，此时机头两侧的可伸缩鸭翼伸出以增加稳定性。

C.450 原型机于 1957 年 12 月由试飞员莫雷尔驾驶首次升空，1958 年初运抵默伦维拉罗什机场。令人沮丧的是，飞机最大的问题在测试过程中暴露出来：飞机绕其轴不受控制地旋转以及速度计读数不正确。莫雷尔还表示，飞机在着陆过程中的控制非常差。接下来的几个月里，他们又进行了若干次测试飞行，其中一次甚至达到了 800 米的高度。然而，以上测试仅涉及垂直状态的飞行，最大的挑战是向水平方向的过渡。1959 年 7 月 25 日，C.450 进行了第 9 次飞行，这也是它最后一次飞行。这型飞机成功起飞并到达计划高度后，莫雷尔开始进行转向水平飞行的机动。然而，飞机速度太慢了，它陷

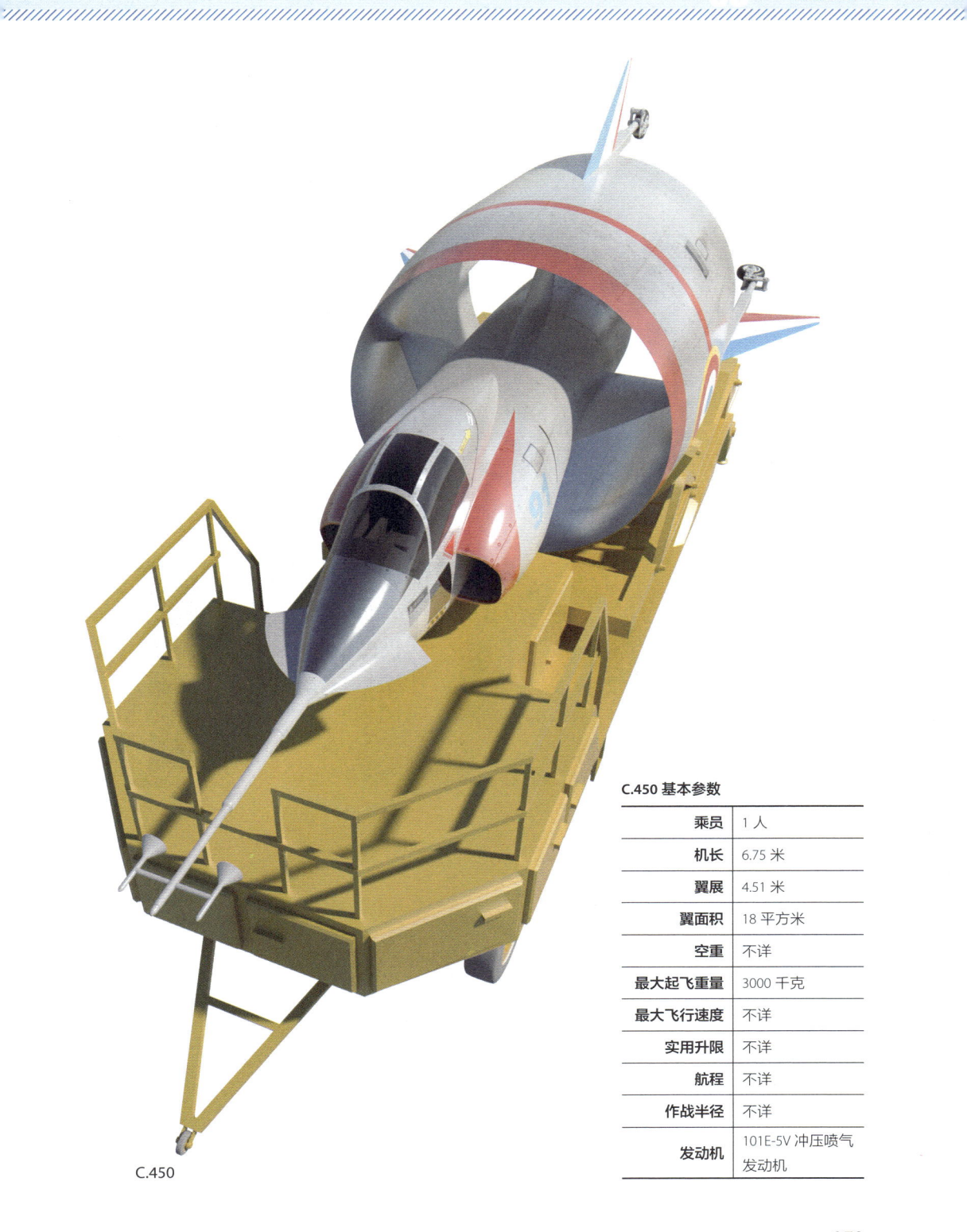

— 原地起飞

C.450

C.450 基本参数

乘员	1 人
机长	6.75 米
翼展	4.51 米
翼面积	18 平方米
空重	不详
最大起飞重量	3000 千克
最大飞行速度	不详
实用升限	不详
航程	不详
作战半径	不详
发动机	101E-5V 冲压喷气发动机

那些奇怪的飞行器：航空探索

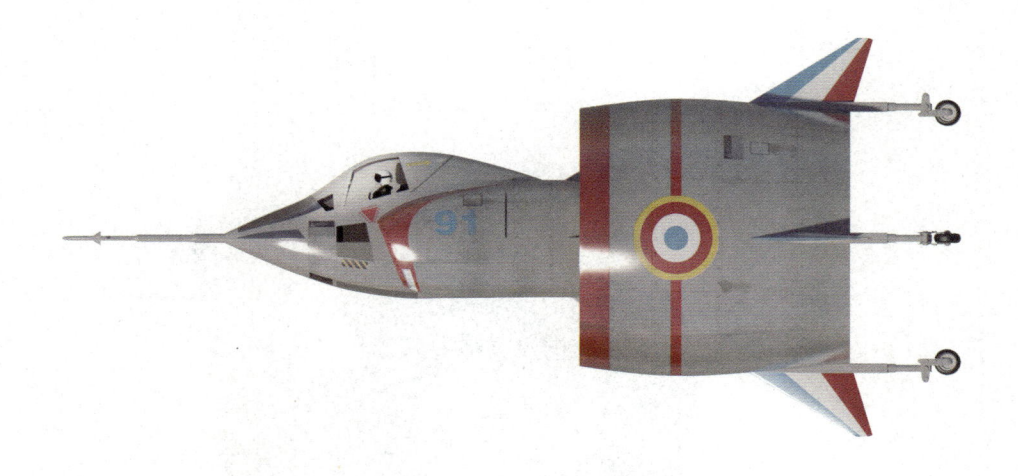

C.450 外观图

入剧烈振荡中,飞行员无法控制,莫雷尔弹射逃生,但受了重伤,飞机坠落地面并被烧毁。其后,法国停止了 C.450 项目的拨款,该项目终止。

让我们再来看看这一型奇特的飞行器,圆环结构的机翼并不会产生传统平直机翼那种翼尖涡流,这也从根本上杜绝了翼尖失速的问题。在那个没有数字电传操纵系统,不是用静不稳定状态设计飞机的年代,翼尖涡流是一个让各国飞机设计师都十分讨厌且不得不面对的问题。当时比较好的方案如苏联米格 -15 等飞机采用的翼刀,虽然增加了结构重量和阻力,但确实大大减少了翼尖涡流的产生,也就基本上解决了翼尖失速的麻烦,而 C.450 完全没有这方面的担心。

再有一个优点,C.450 极大减少了占地面积和使用空间,这也符合"多造快上"的冷战思维。其次,飞机整体设计就是一台发动机,与其说这是环翼飞机,不如说它是可控飞行发动机。斯奈克玛公司的初衷就是想让 C.450 的飞行速度达到两倍声速,所以才选择了 101E-5V 冲压喷气发动机作为 C.450 的动力装置。

此外,矢量偏转叶片的使用也是一种超越时代的设计,在垂直与水平飞行状态相互转换的过程中,矢量偏转叶片的运用使大部分控制难题迎刃而解。

最后再说鸭翼,如今很多经典战斗机都装有鸭翼,这是在拥有先进数字化电传技术的静不稳定飞机上才使用的装置,虽然可以大大提高飞机的机动性,但在 20 世纪 50 年代法国人就开始进行实际测试,这也是非常值得大书特书的。

综上所述,C.450 是在特定时期特殊背景下的特殊脑洞,与其说各国设计师绞尽脑汁想出无数种标新立异的奇特造型,不如说这是面对战争压力的无奈选择。

EWR 集团公司的垂直起降飞机

当布满弹痕的柏林国会尖顶插上红旗,残破凋敝的柏林城中的炮声停止了,1945 年 5 月 8 日和 9 日,德国最高统帅部代表分别同苏美英法四国代表签署了《德国无条件投降书》,第二次世界大战西方战场迎来了久违的胜利与和平。

1949 年 9 月 20 日,德意志联邦共和国(西德)成立,10 月 7 日,德意志民主共和国(东德)成立,这标志着德国分裂。1957 年,西德解除了飞机设计制造的禁令,该国各飞机研发精英和企业重新开始了新式战斗机的研发。多尼耶、亨克尔及梅塞施密特等公司获准于同年恢复其工作后,收到了德国联邦政府促使他们就 VTOL 飞机开展前瞻性研究的倡议,并提出概念设计。

亨克尔飞机制造厂总部位于德国。这家企业在第二次世界大战期间最为著名的产品就是 He 系列轰炸机,如 He-111 和 He-177。当然,除了大型飞机之外,亨克尔飞机制造厂在战前还制造了世界上首款喷气式飞机 He-178,该机于 1939 年 8 月 27 日首飞成功,比大名鼎鼎的梅塞施密特 Me-262 飞机的首飞时间还早了三年。除了在航空科技与制造方面的成就之外,亨克尔飞机制造厂被大家所熟知是因为这家企业在二战时期的累累罪行:制造 He-177 轰炸机的工人多数为萨克森豪森集中营的被囚人员,给众多被囚人员造成了巨大的痛苦。战后,由于纳粹德国的瓦解,航空制造领域一切归零,亨克尔飞机制造厂转向汽车的制造生产,1965 年被联合航空技术制造厂兼并。联合航空技术制造厂由福克 - 沃尔夫和威塞尔飞机制造厂联合组成,福克 - 沃尔夫就是前文我提到那个动力机翼概念及 Triebflugel 的研制单位，而威塞尔飞机制造厂在二战时生产了 Ju-88 等飞机。可以这样说，德国老牌航空制造企业都在二战后通过兼并联合等方式延续了下去。

让我们再回到亨克尔 VTOL 飞机的发展历史上来，亨克尔设计团队最初的考虑是以飞机的后部进行垂直起飞和着陆，因为这种设计方案研制难度相对较低，亦有美国 XFY-1 验证机进行了前瞻性试验。这个概念最初因重量优势而受到青睐，发动机计划采用美国 1955 年研制的通用电气 J79 涡喷发动机。后来，亨克尔设计团队还用四台 J85 涡喷发动机（美国 F-5 战斗机与 T-38 教练机大量使用该款发动机）进行了若干次测试，他们希望缩短飞机长度并降低重心，但这个计划很快就被抛弃了。着陆过程中由于不可预测的侧风而产生的危险和不佳的能见度，是导致这种设计被认为不安全的众多原因之一。

因此，亨克尔设计团队重新设计了从水平位置垂直起飞和降落的方案。但很明显，无论如何都需要几台紧凑型发动机作为推进力，前面提到的 J85 涡喷发动机似乎是理想的选择。而当初列入考虑范围的英国罗尔斯·罗伊斯公司的 RB108 发动机被拒绝，因为它没有加力燃烧室。最终，配有两台 J85 涡喷发动机，机身前部和后部各有一台推力可偏转发动机的大体构型出炉。计划该机悬停时，利用各发动机的不同推力来进行轴向控制，并在翼尖处设置了压缩空气喷口，这些喷口接收来自发动机压缩机的引气，这一型号最初被命名为 He-231。

然而，设计人员仔细观察后发现，He-231 未能实现其目标。它有很多缺点，主要与发动机有关，此外，机身的强度也成问题，计算结果是整个推力喷流偏转部件重量非常大，机身结构复杂，以这种方式配置的 He-231 不会比配备旋转发动机的飞机轻。亨克尔设计团队随后又设计了三种不同的旋转发动机方案，翼尖有四个旋转发动机的鸭式布局概念有望获得最佳效果，使用复杂的推力控制系统可以在从悬停飞行到水平飞行的过渡阶段控制飞机。最初存在的问题是垂直放置的发动机如何实现足够的航向稳定性，因为在鸭式

配置中，短鸭翼上的前发动机比连接到后主翼的发动机更靠近机身的纵轴。一系列的测试表明这个问题是可以解决的，在进一步的风洞测试中，工程师计算出 He-231 的轻载起飞重量为 5500 千克，而四台 J85 涡喷发动机的总推力为 7920 千克，能够将 He-231 在 20000 米的高度推动到超过两倍声速的速度。起飞时，He-231 预计在 6 秒左右爬升至 15 米高度，然后进入水平常规飞行过渡阶段。为此，垂直起飞的 He-231 需要在 20 秒内加速到 345 千米/时，着陆的过渡则需要在 39 秒之内完成。

He-231 的机身结构相对简单，横截面几乎为圆形，最大直径为 1.1 米。这种设计的一个优点是，由于发动机悬挂在机翼末端，因此机身的整个内部均可用于装载有效载荷、燃料和起落架。亨克尔建议配备有 150 发炮弹备弹的 25 毫米 251RK 航炮作为标准武器，计划在机身携带 4 枚空对空导弹。1958 年下半年，亨克尔再次修改了 He-231，基本设计仍然保留，但考虑通过两个附加装置来加强主翼上的发动机系统，英国罗尔斯·罗伊斯 RB153 发动机在这时被亨克尔纳入计划之列。

与此同时，梅塞施密特公司也参加了西德 VTOL 高性能战斗机的竞赛。梅塞施密特设计了一个完全不同的概念，他们设计的 Me P 1227 计划在机身内容纳整个发动机系统，悬停飞行的控制通过摆动喷气机来完成。这项计划最后因为技术要求过高没有进一步往下继续，但提出了一个新颖的概念。后来，亨克尔的 He-231 被更名为 VJ-101A，梅塞施密特的 Me P 1227 被更名为 VJ-101B，双方继续深入发展研究。1959 年，亨克尔、梅塞施密特和 Blkow 公司联合成立了名为 EWR 的集团公司，所以 VJ-101 也被称为 EWR JV-101，后期将这些项目的所有技术成果汇总在一起，那就是 VJ-101C。VJ-101C 将 He-231 的基本技术特征与梅塞施密特 Me P 1227 的设计元素相结合，该型飞机使用英国罗尔斯·罗伊斯 R145 涡喷发动机为动力装置，于 1963 年 4 月 10 日首飞。

最初 VJ-101C 使用了两架原型机进行飞行测试，分别命名为 X-1 与 X-2，

03 — 原地起飞

VJ-101C 垂直起降飞机

那些奇怪的飞行器：航空探索

VJ-101C

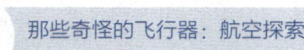

VJ-101C 基本参数	
乘员	1 人
机长	15.07 米
翼展	6.61 米
翼面积	18.6 平方米
空重	4420 千克
最大起飞重量	7650 千克
最大飞行速度	1400 千米/时
实用升限	不详
航程	不详
作战半径	不详
发动机	R145 涡喷发动机

X-1 主要测试内容为垂直起飞性能，X-2 主要侧重于常规飞行。VJ-101C 采用六台发动机布置，两台发动机放置于机身，另四台发动机成对放置在机翼两侧，形成了旋转式发动机短舱布局。新集团公司的研发型号被称为 VJ-101D，但原型机还是被称为 VJ-101C。

在 1963 年 4 月的首飞之后，X-1 于 9 月完成了从悬停到水平飞行状态的过渡，并参加了次年德国汉诺威航空展的飞行表演。VJ-101 设计最高速度为两倍声速，1964 年 7 月在没有开启加力的情况下突破了声速，达到了马赫数 1.04。但不幸的是，同年 9 月该机因机械故障坠毁。

X-2 于 1965 年 6 月完成首飞，10 月加装了新式自动驾驶仪，以杜绝上一次飞行事故的发生。X-2 的发动机相比于 X-1 加装了加力燃烧室，从设计角度将会比 X-1 的速度有明显提升。然而到了 1968 年，该项目终止，VJ-101C 完成了历史使命。

西德空军研制 VJ-101 的出发点在于让其替代当时已经大量装备的美制 F-104 战斗机，也就是研制一款并不低于 F-104 最高飞行速度的垂直起降战斗机。随着 F-104 越来越多进入部队服役，VJ-101 项目始终踟蹰前进，并没有展现出技术上的跨越式发展，也有一系列问题没有解决，VJ-101 项目终止也在情理之中。

VJ-101C 外观图

"波戈"难飞

前文我简述了欧洲几款起飞方式迥异的战斗机，其中一些在概念设计阶段就无法突破技术瓶颈，更多地在测试阶段暴露出很多当时难以解决的问题，它们无一例外全部"下马"。除了欧洲各国，还有一个不可忽视的航空强国——美国，美国也在同一时期研发了几款奇特飞机，其中一款就是本节的主角：美国 XFY-1 验证机。

"东西两大洋，南北无强敌"，这是美国国土地理位置的天然优势，也是其军事思想与众不同的出发点之一。因美国优越的地理位置，其本土远离几次世界大战和局部冲突，用美国人的口吻来讲，这是上帝选择的土地。无论第一次世界大战远征欧陆，还是第二次世界大战中登陆诺曼底、参与北非战役和市场花园行动等，甚至在太平洋战场对日作战都远离本土，鲜有本土被袭击的实例。有据可查，第二次世界大战中美国本土被占领的还是在太平洋阿留申群岛之一的荒芜小岛。可以说在绝大多数时期，美国几乎不考虑本土基础设施在战时受损的问题，所以美国的战略思维跟欧洲的完全不同，美国考虑更多的是军事力量的投送和对盟友的支持。就在美国还沉浸于第二次世界大战胜利的喜悦中时，世界军事科技发展浪潮随着冷战一起到来，战争的形态和作战方式相较于第二次世界大战有了翻天覆地的变化，美国人乐不起来了。

1947 年开始，东西方两大阵营开始军事对峙，欧洲再一次面临发生大规模战争的风险。这一次西欧和美国的对手并非第二次世界大战中几个不靠谱的所谓轴心国，而是整个华约军事集团（华沙条约组织，简称华约，1955 年

建立的军事同盟组织）。整个冷战期间，西欧和美国面临着漫长的战线，甚至是全球范围的战争，这种情况下，美国航母战斗群捉襟见肘，美国人开始想办法了。

航母战斗群在第二次世界大战时备受美国青睐，甚至可以说是美国航母战斗群打败了日本太平洋上的军事力量，航空母舰的成熟使用和灵活部署让美国人非常依赖这类大型舰艇以及海空联合作战理念。但航空母舰造价高昂，维护与使用成本并非一般国家可以承受，一旦在战争中受到打击会直接影响战局的发展。综上，即使是财大气粗的美国人也没有办法在全球部署几十上百个航母战斗群。那么问题出现了，这次的对手是整个华约军事集团，军事力量不容小觑。而第二次世界大战期间纳粹德国的"狼群战术"险些令英国弹尽粮绝，可以说英国人动用了全部力量保护补给线和生命线，损失大量舰艇、牺牲大量优秀水兵再加上盟国竭力保护才换取了最终胜利，战后奄奄一息的西欧各国在冷战初期完全没有能力执行海军护航与打击任务。毫不夸张地说，冷战初期整个欧洲的防线都是美国在硬撑，即使是武装到牙齿的美国航母战斗群也有些力不从心了。

上面描述的是美国在冷战初期面临的军事压力，从中不难看出，这与欧洲各国的发展方向截然相反。美国追求的是海军为主，以灵活机动的舰载航空兵为前出打击力量，对于固定陆地机场的需求并不在第一位，在这种指导思想下，诞生了一个理念奇特的战机项目——XFY-1 验证机。

陆地固定机场在战时异常脆弱，本书中不厌其烦地提到这个观点。航母战斗群的灵活部署可以解决大部分问题，但让航母战斗群去承担保护每一处重要目标的任务显然无法实现，航母战斗群数量有限，无法覆盖所有交战区域，因此在普通舰艇上搭载战斗机就成为另一种可能。在前文中我提到了德国福克-沃尔夫的 Triebflugel 动力机翼概念机，这一创新理论被美国认真研究，并开始垂直起飞战斗机的研制计划。1948 年，可以在驱逐舰、登陆舰、补给舰及常规大型舰艇上垂直起飞和降落，用来保护主力舰艇和特遣舰队的

XFY-1

垂直起降战斗机项目正式开始。经过数年的讨论和前期准备，1951年，美国海军与洛克希德公司及康维尔公司签订了研发合同，两家公司各拿出一套方案进行评估。洛克希德推出了XFV-1战机，康维尔则拿出了XFY-1（绰号"波戈"）方案。

洛克希德公司我们较为熟知，这是美国老牌航空企业，现今全称为洛克希德·马丁空间系统公司，简称LMT。该公司于1912年成立，为美国航空航天事业贡献颇多，一大批优秀飞机都是出于此公司，如F-35系列战斗机。该公司不但制造能力强，设计能力和人才队伍的建设亦相当突出。虽然康维尔公司（1943年由伏尔提飞机公司与团结飞机公司合并成立）的名气远逊于洛克希德公司，更是在1953年被通用动力公司收购，仅仅保留了康维尔事业部继续工作，但其后期仍然有大批作品问世，如著名的B-36轰炸机和F-106截击机等。这两家著名航空企业开启了美国VTOL飞机的研发序幕。

康维尔的XFY-1方案名称中，X意为验证试验项目，F为战斗机，Y代表康维尔公司产品。XFY-1为大后掠角三角翼无水平尾翼机头螺旋桨尾座式（Tailsitter：立式）起飞布局，这与法国C.450异曲同工。XFY-1最值得称道的是它的动力装置，这是一套共轴反转螺旋桨动力系统。共轴反转螺旋桨（Contra-rotating Propellers）是涡轮螺旋桨发动机所特有的一类螺旋桨装置，与传统螺旋桨最大的不同在于单个发动机上有两组并列转动的螺旋桨，这两组螺旋桨转动的角速度方向相反，因此被称为共轴反转螺旋桨装置。共轴反转螺旋桨的两组螺旋桨通常连接在同一台发动机之上，并利用一组行星齿轮来实现反向旋转。由于反作用力原理，当一个螺旋桨转动时，空气会通过叶片对发动机产生与角速度方向相反的力，这会造成飞机沿着扭矩方向翻滚。对于二战时不少单发螺旋桨飞机来讲，扭矩对飞行稳定性的影响很大，工程师只能通过调节飞机副翼来配平扭矩。由于扭矩大小和飞行的速度有很大关系，副翼角度也必须随着速度的不同而做出相应的改变，这大大增加了飞机设计的复杂程度与机械重量。但共轴反转螺旋桨就很好地解决了这个问题，两组反向旋转的叶片产生的扭矩相互抵消，设计师不需要通过调节飞机副翼来配平扭矩，飞机的设计得以简化，这也大大增加了飞机的稳定性。由于消除了叶片尖的空气涡流，共轴反转螺旋桨比传统螺旋桨增加了6%至16%的动力，但其缺点也十分突出。首先，共轴反转螺旋桨最大的缺点在于运转时产生的噪声太大，其轴向的噪声增加约30分贝，侧方向增加约10分贝，这种噪声的增加在叶片高速转动时尤为明显。由于噪声大的缺点，共轴反转螺旋桨始终未能在民航客机上得以很好地运用。其次，共轴反转螺旋桨另一个缺点是增加了发动机设计的复杂程度，且增加了重量，因此只能在军用飞机上使用。目前世界上使用共轴反转螺旋桨的飞机有俄罗斯的图-95系列轰炸机、乌克兰安-70运输机以及俄罗斯卡莫夫设计局研制的卡-25系列直升机。康维尔公司在研制XFY-1时选用了艾莉森XT40-A-14型发动机，并使用此发动机进行飞行测试，设想该机服役时换装艾莉森T54型发动机，但该计划未能如愿完成。

康维尔公司不是首次使用这种独特的共轴反转螺旋桨动力系统，早在1945年他们就收到美国海军的订单研制大型水陆两栖运输机，当时被称为XP5Y，后期改称R3Y，这也是装备了共轴反转螺旋桨的飞机，装配的是艾莉森T40发动机。可见康维尔公司对于共轴反转螺旋桨的使用还是有一些心得的。

XFY-1另一大特点是它拥有两个巨大的尾翼，上下巨型尾翼是其外观典型特征之一。当然，下尾翼通常也被称为腹鳍。这个设计的初衷是基于稳定的空气动力学考虑，也便于安装/维修不可拆卸的起落架。因此，为了更加便捷地运输和起飞，XFY-1还需要一种特殊的车辆将其放置在起飞现场。运输时XFY-1呈水平状态，待起飞时运输车辆的液压装置将其竖起，XFY-1在车辆的协调配合下可以更加灵活方便地进行运输和起飞准备。XFY-1一共制造了三架，第一架用于发动机的地面测试，第二架用于飞行试验，第三架则用于静力破坏试验。

1954年4月下旬，试飞员科尔曼中校驾驶XFY-1的二号机成功首飞。当

XFY-1

然，这次首飞是室内系留飞行，直到8月才在室外进行正式飞行，11月首次进行了由垂直向水平状态转换的飞行试验。首飞之后，问题也接踵而来。首先就是飞行时的减速问题，由于XFY-1并非传统布局，没有安装传统飞机的减速板等装置，所以高速飞行时不能有效减速。还有一个重要问题就是垂直降落的不稳定性。在前文介绍法国C.450时我讲到，C.450使用了可转动的弹射座椅，虽然极其简陋，但至少观察角度和视野有了些许改观，而XFY-1的座椅是固定的，降落时需要飞行员不断回头观察自己的高度位置以避免撞向地面。此外，XFY-1仍采用螺旋桨为动力装置，而20世纪50年代已经开启了喷气机时代，螺旋桨是不折不扣的落后动力装置，且螺旋桨飞机受限于物理特性，最高速度无法突破声速，这也是XFY-1无法解决的现实问题。

最后一个问题，当初美国的设想是将其搭载在普通舰艇之上，随时起飞降落，但据试飞员科尔曼中校描述，驾驶XFY-1需要极强的飞行技能，试飞员即使经过大量培训也不一定可以胜任。XFY-1的试验和试飞都是在气候条件极佳的陆地测试场地，即便如此也需要经验丰富的老试飞员注意力高度集中才可以勉强着陆，所以大量装备于一线作战部队是万万不可能的事。最终，在XFY-1试飞了仅一年之后的1955年8月，该项目终止。当然，XFY-1最后的飞行持续到了1956年，不过这只是科学验证飞行罢了。

当然，这个项目的终止基于多方面的原因，有技术问题也有科技问题，更有其时代局限性。洛克希德公司的XFV-1研制也一并终止了。双方的方案在原理和外形上相差不大，起飞降落方式也基本相同，就连发动机都一样。事实证明，这些飞机虽然提供了另一种起飞降落方式的思路，但严重滞后于时代发展，无法适应普通一线战斗员，更是无法达成美国海军的期望。至少现在看来，当初美国海军那种普通舰艇即可搭载战斗机的方案大方向就是错误的，错误的指导思想下设计出畸形的产品，项目"下马"也是必然。但美国海军并未死心，更加不可思议的计划出炉了，这就是下文将要介绍的XFV-12验证机。

那些奇怪的飞行器：航空探索

XFY-1 基本参数

乘员	1 人
机长	10.6 米
翼展	不详
翼面积	32.98 平方米
空重	5327 千克
最大起飞重量	7371 千克
最大飞行速度	982 千米/时
实用升限	不详
航程	不详
作战半径	不详
发动机	艾莉森 XT40-A-14 共轴反桨发动机

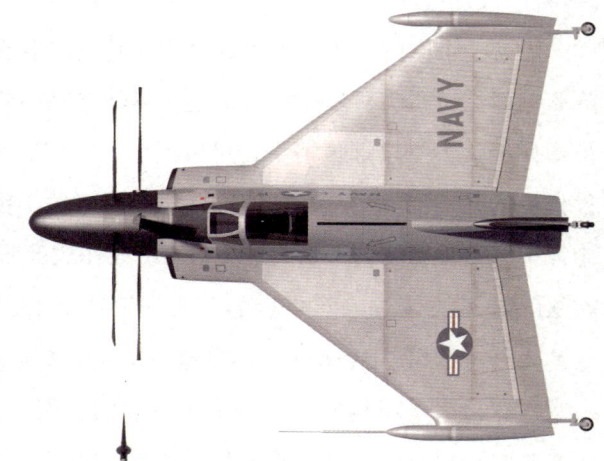

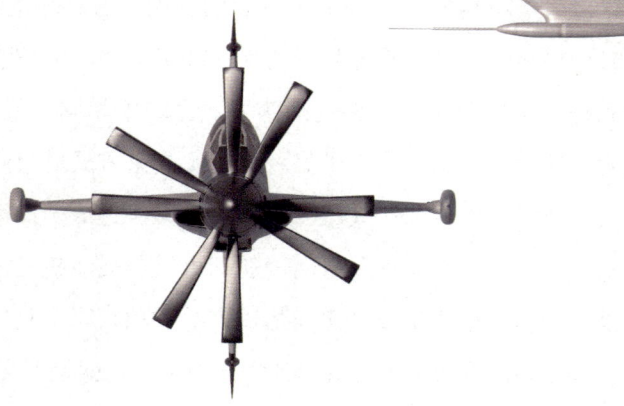

XFY-1 外观图

制海神鹰

2016年10月15日，一艘外形极具科幻主义色彩的大型战舰 DDG-1000"朱姆沃尔特"号正式进入美国海军服役。该型战舰采用了诸多高技术产品和创新理念，象征着美国海军未来发展的一个崭新高度。

"朱姆沃尔特"号服役几年后，一系列问题和缺陷始终困扰着该舰，不但没有将美国海军引领到当初设想的目标，更像是一个烫手山芋。对DDG-1000进一步改进要花费巨额经费，退役更加可惜，这一型舰艇的未来和其诞生历史一样，充满变数与波折。按照美国海军舰名命名传统，多数大型水面作战舰艇都喜欢使用历史名人或为美国做出过突出贡献的英雄人物作为舰名，朱姆沃尔特，这个名字既熟悉又陌生，他是谁呢？本书一直在讲述各式奇怪的飞行器，这跟美国海军又有什么关系呢？这个问题要追溯到1970年。

制海舰（Sea Control Ship），这是20世纪70年代美国提出的一种新概念海军作战舰艇，该计划的主导人就是美国海军时任作战部长艾尔默·朱姆沃尔特上将。

艾尔默·朱姆沃尔特

XFV-12

在第二次世界大战太平洋战场中，美国因其拥有强大的工业实力能够碾压日本联合舰队，为战胜日本军国主义立下汗马功劳。当时美国海军拥有大量先进的"埃塞克斯"级大型航空母舰，该型航空母舰吨位大，设计先进，战争前后共服役了24艘，是迄今为止美国海军服役数量最多的一型大型航空母舰。在大型航空母舰、战列舰、巡洋舰及无数驱护舰的威势重压下，日本联合舰队在中途岛战役之后几无还手之力。当我们在查阅资料或学习那段历史之时，经常听到美国海军在太平洋战场拥有百余艘航空母舰，数量相差很大，这其实并非数据错误或口误，因为除了大型航空母舰外，余下皆为小型护航航母（CVE）。护航航母多数为商船改装而来，吨位小，造价低，但功能相近，作战能力亦十分突出，不但可起飞各式飞机参与战斗，还可用于货物、人员的运送，方便灵活，著名的"卡萨布兰卡"级护航航母更是建造了多达50艘。随着太平洋战场的胜利，一众护航航母也相继退出历史舞台。第二次世界大战胜利结束后，冷战的阴云又迅速笼罩在世界各处，更大规模的战争随时可能到来。在战争压力陡增的情况下，东西方两大阵营各种新战法新装备新理念也随之产生，朱姆沃尔特的制海舰计划拨开浓雾崭露头角，成为美国海军的一种新思考。

制海舰本质上与第二次世界大战时期的护航航母一样，都属于低成本相对小型化的中型作战舰艇。20世纪60年代，各航空强国相继推出一系列垂直起降战斗机方案，如前文所述法国C.450和德国J101系列等，美国也在不懈努力，XFV-1和XFY-1就是一种尝试。不过美国在垂直起降飞机上的努力几乎都以失败告终，在制海舰计划出炉之时，美国并没有相对成熟可靠的垂直起降战斗机可用，这让他们的目光便放在了英国"鹞"式战斗机上。

"鹞"式战斗机由英国霍克公司（1978年更名为英国宇航公司）研制，该机于1967年12月28日首飞，首个服役型号为GR1，于1969年加入英国皇家空军，G意为对地攻击，而R则是侦察之意。"鹞"式战斗机虽然进入部队服役并大量装备，但因该机机身过于小巧，加上载弹量少、载油量低等缺点

并不受英国皇家空军青睐，反而受到英国皇家海军的喜爱，英国皇家海军的改进型号就是大名鼎鼎的"海鹞"（FRS1）系列。

"鹞"式战斗机使用布里斯托尔航空公司（Bristol Engine Company）所研制的"飞马"涡扇发动机，发动机喷口可向下偏转，从而使飞机可以垂直/短距起降，但付出的代价是飞行速度较慢，只能亚声速飞行，且飞机航程过短，载弹量较少。"鹞"式战斗机为世界首款正式服役的垂直起降战斗机，主要分为"鹞""海鹞"和"鹞Ⅱ"三个类型。美国在20世纪70年代开始引进该型战斗机，并加以改进，后开始进行大量生产，这就是被称为麦道"鹞Ⅱ"的美国生产型。

制海舰方案虽然使用理念和第二次世界大战的护航航母如出一辙，但该型舰艇长度设计不超过200米，所以常规弹射起飞方式的舰载机被认为不可行，舰载机就这样被设定为垂直起降战斗机，又因为美国垂直起降舰载机计划失败，所以最初的计划是搭载"鹞"式战斗机。不过美国的垂直起降战斗机计划始终没有被放弃，与制海舰计划进行的同时美国海军又提出了新一代垂直起降战斗机计划，1972年美国海军宣布了招标计划，研制新式超声速垂直起降战斗/攻击舰载机。罗克韦尔公司中标，并在当年与美国海军签订了一份价值4700万的战机研制合同，XFV-12项目全面展开。

虽然引进了"鹞"式战斗机，但美国对该型战斗机的性能并不十分满意。如前文所述，载弹量、载油量少等一系列缺陷严重限制了该机发挥，对于需要全球部署作战的美国海军来讲，"鹞"式战斗机性能过于孱弱，所以绝大多数"鹞"式战斗机都服役于美国海军陆战队。制海舰计划已经提出，"鹞"式战斗机又是一款亚声速战机，显然无法满足制海舰需求，研制新式超声速垂直起降战斗机也就是顺理成章的事了。1974年之后，制海舰计划的提出者朱姆沃尔特离职，这一计划随之搁置，新式舰艇不造了，但超声速垂直起降战斗机计划仍然热火朝天地进行。罗克韦尔公司的XFV-12于当年进行了全尺寸模型风洞测试，测试结果相当不乐观。工程师认为该机进行常规飞行尚且

XFV-12

可行，但垂直起降则风险较大。是什么使工程师们如此悲观呢？让我们走进那个疯狂的年代，看看罗克韦尔公司的 XFV-12 到底是种怎样的飞机。

XFV-12 的外形给人一种新奇的感觉，似乎与 20 世纪 70 年代的科技水平不相符，这是一款造型非常前卫的飞机。与常规战斗机不同，XFV-12 的机翼设计和布局让人着迷。巨大的前翼尺寸几乎等同于主翼，好像老式双翼机的机翼并列排放，主翼后置，翼尖设计垂直安定面以代替传统垂尾。其最亮眼和前卫的设计在于垂直起飞理念，与众多垂直起飞战斗机使用的喷口偏转的方式不同，XFV-12 使用了创新式的襟翼吹气装置，发动机喷口的气流被吹到偏转襟翼上，再由襟翼反弹气流至地面，发动机喷出的气流并不直接接触地面。这是一个非凡的设计，工程师们称呼此种方式为推力增强型机翼（TAW）。XFV-12 使用一台普惠 F401-PW-400 涡扇发动机作为动力来源，F401-PW-400 涡扇发动机实则就是 F100-PW-100 发动机的海军版本，著名的 F-15 "鹰"式战斗机就是使用此款发动机。这个选择其实很有逻辑性，罗克韦尔公司当初设想的 XFV-12 动力来源要求就是性能强、可靠，F401-PW-400 属于美国海军标准大推力发动机，也是为 XFV-12 大规模服役做准备。

XFV-12 机身前后都布置了发动机喷口，在垂直起降操作中，后置发动机喷口关闭，打开机身顶部的通风口，这样操作可以降低飞机上方的气压，有助于提升升力，亦可冷却喷出的废气，从而防止损坏接触面。这种设计看起来很聪明，考虑非常周到。"鹞"式战斗机发动机喷口直接对着地面或舰艇甲板，需要舰艇甲板额外改装才能适应其起降要求，而 XFV-12 完美规避了这一弊端，使其可以在任意未经特殊改装的舰艇上成功进行垂直起降，这也反映了罗克韦尔公司实则还是在当初配套制海舰的要求范畴之内进行设计。当然，这种吹气襟翼设计也有相当大的弊端。由于前翼面积硕大，主翼后部也被吹气襟翼装置占据了大量空间，所以 XFV-12 的武器挂载主要在机腹，这限制了其武器挂载的数量和重量。

再看 XFV-12 的前部似乎有些似曾相识。为了节约设计经费及缩短研发时间，罗克韦尔公司的工程师使用了 A-4 "天鹰" 攻击机的机头和 F-4 "鬼怪" 战斗机的进气道。

1977 年，XFV-12 开始进行初步地面测试工作。地面测试工作开始后，工程师发现 XFV-12 存在大量技术问题，首当其冲就是动力不足。1978 年初工程师又将 XFV-12 运往位于弗吉尼亚州兰利的 NASA 撞击动力学研究设施，这也是阿波罗宇航员进行训练的设施，这里设有一个巨大的龙门架，XFV-12 被安装在龙门架上，以便模拟测试飞机是否能够垂直起飞。得出的结果是令人沮丧的，虽然 F401-PW-400 涡扇发动机动力强劲，但也只能提供 75% 的动力，吹气襟翼的设计方案使大量能量被损耗，没有完全发挥出发动机的动力输出。测试证明，XFV-12 无法进行垂直起飞，这直接导致了该型号的失败。虽然 XFV-12 被证明因动力损失无法进行垂直起飞，但其仍然可利用短距起飞垂直降落的方式进行作战，且常规飞行状态可超声速飞行。XFV-12 原计划加装火控雷达系统、多项高技术传感器、远距离导弹等各式武器，但美国海军还是在 1981 年取消了该项目，XFV-12 计划终止。

就在 XFV-12 项目被取消的次年，1982 年英国和阿根廷在南大西洋上的小岛上开战了，史称"英阿马岛战争"（马岛，阿根廷称为马尔维纳斯群岛，英国称为福克兰群岛）。在这次战争中，英国皇家海军的"海鹞"和皇家空军的"鹞"式战机轮番出动，使用短距起飞垂直降落的方式与阿根廷空军进行战斗，取得了令人瞩目的战果。XFV-12 理论上比"鹞"式系列战斗机强大得多，眼看美国取消了该项目，英国人却使用相同方式在南大西洋大打出手，这对美国海军来说是一种莫大的讽刺。

XFV-12 和制海舰都成为过眼云烟，消失在历史长河之中，甚至没有掀起一丝波澜，但它们的指导思想仍然以另一种方式影响着全世界。20 世纪 80 年代，世界各国发现英国皇家海军小型航母搭载垂直起降战斗机的作战能力后，对这类小型航空母舰和垂直起降战斗机的搭配产生了浓厚的兴趣，如西班牙"阿斯图里亚斯亲王"号航空母舰，意大利"加里波第"号航空母舰，

XFV-12 外观图

XFV-12 基本参数	
乘员	1 人
机长	13.35 米
翼展	8.69 米
翼面积	27.2 平方米
空重	6259 千克
最大起飞重量	11000 千克
最大飞行速度	2560 千米 / 时
实用升限	不详
航程	不详
作战半径	不详
发动机	F401-PW-400 涡扇发动机

甚至泰国海军还拥有一艘"差克里·纳吕贝特"号航空母舰，皆是小型护航航母/制海舰模式下的产物。世界上第一艘通用型两栖攻击舰为1976年服役的美国"塔拉瓦"号，该舰平时可搭载各式直升机执行垂直登陆等任务，必要时亦可搭载垂直起降战斗机。美国也是大型两栖攻击舰服役数量最多的国家，这当然也可以认为是制海舰的另一种存在形式。

XFV-12与我前文提及的众多以类似方式起飞的垂直起降试验机一样，都没有进入部队服役，但XFV-12设计更加激进，距离成功也最为接近。这是美国海军的一次大胆尝试，也给了美国航空设计师们一次难得的实践机会，为后续更加先进战机的研发打下了坚实的基础。

那些奇怪的飞行器
航空探索

04
终成正果

"鹞"式战斗机

1982 年 4 月 2 日，震惊世界的"英阿马岛战争"爆发了。战争的背景和起因这里不再赘述，但一款战机在此次战争中的优异表现却抢走了战争的头条新闻，这就是大名鼎鼎的英国"鹞"式垂直/短距起降战斗机。

德国沃尔夫公司的 Triebflugel、绰号"草蛇"的 Ba-349、战后研发的 JV101 系列，还有法国的 C.450、美国的 XFY-1 以及 XFV-12，一众非常规飞机的研发都失败了，无论因科技水平、政治因素还是战争影响，无一例外都没有服役，更没有任何战绩可言。1967 年 12 月 28 日，作为老牌航空强国的英国异军突起，"鹞"式垂直/短距起降战斗机[一]首飞成功，抢走了首款服役垂直起降战斗机的名头。英国国防工业的发展可以说历久弥新，有过辉煌和闪耀，也创造了许多纪录，更是率先研发了一系列高技术军事科技装备。如目前超级航空母舰的斜角甲板就是英国人创造的，还有蒸汽弹射器的发明、喷气式航空发动机的成熟改良等，这些都是英国国防工业技术的最佳体现。经历了第二次世界大战的洗礼，英国本土满目疮痍，战争带来无尽的创伤。第二次世界大战后，人们迎接胜利的曙光，但冷战来临，世界再次笼罩在核阴云之下，核武器所带来的恐怖及第三次世界大战何时爆发的不确定性，让

[一] 英国"鹞"式战斗机首先创造性地使用短距离起飞，垂直降落的起降方式。如法国 C.450 与德国 JV101 系列飞机等皆为纯粹垂直起降方式，"鹞"式战斗机及其后续的苏联雅克-38、雅克-41 和美国 F-35B 战斗机皆称为垂直/短距起降战斗机 V/STOL。当然，F-35B 和"鹞"式等战斗机皆可使用垂直起飞方式，但因为载油量、载弹量等条件限制，一般不使用此种方式起飞。

AV-8B 战斗机

英国这个岛国国家坐立不安。对于英国来说，一个始终无法绕过的话题：战时军事设施（主要是机场）的生存。一切的一切，皆为此因。

1967年首飞的"鹞"式战斗机被称为GR1型，使用布里斯托尔航空公司（1966年被罗尔斯·罗伊斯公司收购）所研制的"飞马"MK101涡扇发动机，有观点认为整个"鹞"式战斗机就是围绕该款发动机而研制，这种说法不无道理。不同于前面介绍的几款验证机，"鹞"式战斗机显得中规中矩：单台MK101发动机推力为8600千克，四个矢量喷口在机身两侧布置，后期大量服役的"鹞"式及改进型AV-8系列战斗机，采用MK103及后续改进型号发动机，性能有一定提高，但受限于机体设计，改动量有限。

"鹞"式系列战斗机虽然作为世界首款服役的垂直起降战斗机，解决了困扰各军事强国多年的陆地固定机场被摧毁后战机无法升空的问题，但更大的问题也随之而来。仅凭"鹞"式战斗机（GR1型）2270千克的载弹量几乎无法胜任高强度制空和对地支援任务，若垂直起飞，其作战半径仅为90余千米，这些数据实在太难看了。而且各国军事专家经过分析得出结论，即使战争中机场跑道和基础设施被打击，也可在短时间内紧急修复，这对于垂直起降战斗机存在的意义是个不小的冲击。虽然英国对"鹞"式战斗机进行了不少改进，但该型号本身最大最直接的目标就是为了垂直起降，这个因素决定了飞机自身无法过多增加其余功能及增强飞行品质，"鹞"的命运就要被英国自己掐灭了。

改进型号GR3的性能虽然有所改善，载弹量增加了450千克，换装了"飞马"MK103涡扇发动机，机鼻增加了一个丑陋的整流罩，以装载激光测距仪等设备，但始终未得到英国皇家空军的认可。墙内开花墙外红，英国皇家空军的"鹞"式战斗机没有取得军方一致好评，却在大西洋那边的美国开花结果，发扬光大。

AV-8A，美国版GR1型（"鹞"式战斗机），由麦克唐纳-道格拉斯公司（简称麦道，1997年被波音公司收购）组装生产。

美国研制垂直起降战斗机的大致情况前文有所表述，无论康维尔还是洛克希德又或是罗克韦尔公司，都没有拿出令人满意的成果，最后还是购买了英国"鹞"式战斗机。麦道公司最初仅仅是组装原版 GR1 型，被美国命名为 AV-8A，服役于美国海军陆战队。但 GR1 型的性能确实难以服众，麦道公司因此开始进行大规模改良。1978 年 11 月 9 日，最新改进型 YAV-8B 首飞成功。主要改进措施为：改良了座舱盖及电子设备，增加了外挂，可使用美制导弹，换装了"飞马"MK103 涡扇发动机，使用电传操纵系统代替了传统的机械式飞行控制系统等。美国版 GR1 型和改进型号后被统称为"鹞Ⅱ"，改良后的 AV-8B 相关技术也提供给了英国。1985 年，AV-8B 开始进入美国海军陆战队服役，美国终于拥有了自己的首款实用型垂直起降战斗机，但终归还是英国货的改良版。AV-8B 的最新改进型号为 AV-8B+，于 1993 年 6 月开始服役。

AV-8B 给人们最大最深的印象即不是在 1991 年海湾战争中参战，也不是在数次局部冲突中争当急先锋，而是在一部电影之中。1994 年，由著名导演詹姆斯·卡梅隆执导，好莱坞动作巨星阿诺德·施瓦辛格主演的动作电影《真实的谎言》在北美上映。影片中施瓦辛格驾驶美国海军陆战队的 AV-8B 战斗机与恐怖分子进行了精彩的战斗，AV-8B 发射 AGM-65"小牛"导弹炸毁大桥的片段让人直呼过瘾，尤其片中施瓦辛格利用 AV-8B 垂直悬停的特性战胜恐怖分子的情节令观众印象深刻。AV-8B 在世界各地参战，荣耀和光芒却来自好莱坞，这不得不说是一种讽刺。AV-8B 虽然参加了 1991 年的海湾战争，但在战争中的表现并没有太多亮眼之处，整个海湾战争中美军共出动该飞机 3342 架次，投弹 2700 吨，被地面防空炮火击落 5 架，表现中规中矩，并没有发挥该型号的最大特点，当然，这与战场条件有关。

美国将"鹞"式战斗机发扬光大，以"鹞Ⅱ"的称谓名扬四海，英国的 GR3 型却举步维艰。20 世纪 70 年代，英国皇家海军"皇家方舟"号航空母舰即将退役，新造的"无敌"级小型航空母舰给 GR3 型带来了一丝曙光。"皇家方舟"号搭载 F-4"鬼怪"重型舰载机，在当时战斗力相当强悍，但英

AV-8B 战斗机

雄暮迟垂垂老矣,"皇家方舟"号为英国"鹰"级航空母舰的2号舰,退役前满载排水量53000余吨,1978年退役。英国皇家海军在第二次世界大战后无法维持庞大的军费开支,减小了海军舰队规模,舰队战斗力呈逐年下降的趋势。"皇家方舟"号退役后,后来者"无敌"级小型航空母舰搭载了"鹞"式战斗机的改进型号,GR3型换装了更耐高盐耐腐蚀的"飞马"MK104涡扇发动机,加装"蓝狐"火控雷达,这一改进型号就是著名的"海鹞"。"海鹞"于1981年开始进入英国皇家海军服役,"海鹞"服役后,"英阿马岛战争"随即爆发,"海鹞"登场。

1982年4月发生在南大西洋的"英阿马岛战争"举世瞩目,被很多军事理论家称为世界上第一场现代化战争。英国皇家海军不远万里一路南下,杀气腾腾的扑向马岛,"无敌"号和"竞技神"号航空母舰上的"海鹞"战斗机迎来了真正的考验,英国特遣舰队在"英阿马岛战争"中共搭载28架"海鹞"战斗机和14架空军型GR3型战斗机。第一个战果在1982年5月1日取得,"海鹞"战斗机使用AIM-9L空空导弹击落了阿根廷空军的"幻影3"战斗机。其后"海鹞"和GR3型始终保持着高强度出动,在整个"英阿马岛战争"期间,共击落23架阿根廷战机,自身损失5架,但没有一架是在空战中被击落的,其中1架遭地面防空火力打击,其余4架为自身操纵失误而损失的。

"海鹞"战斗机在"英阿马岛战争"中大杀四方取得很多战果,但这仅仅是表面现象。"海鹞"战斗机属于亚声速战斗机,在航空母舰上的起飞方式为短距起飞,虽然没有完全垂直起飞那般巨大的耗油量,但留空时间也有限。"海鹞"战斗机留空时间仅为1小时,空战时间为30分钟左右,其弹药携带量较少,飞行品质欠佳,且电子设备不算先进,仅可提供有限的舰队防空能力,这种亚声速飞机速度相对较慢,无法及时对敌方飞机的意图迅速做出反应,容易使舰队被暗算和偷袭。

5月4日,英国42型导弹驱逐舰"谢菲尔德"号被阿根廷空军"超级军

旗"攻击机发射"飞鱼"反舰导弹击沉,这是"谢菲尔德"号导弹驱逐舰需要前出担任舰队防空警戒,被阿根廷战机偷袭的结果。"闪光的谢菲",这是英国对42型导弹驱逐舰"谢菲尔德"号的爱称,初战即被击沉,英国皇家海军颜面尽失。"海鹞"战斗机无法长时间维持留空巡逻,对低空高速飞机的拦截能力较差,阿根廷飞机屡屡突破英国特遣舰队的防空圈,这也是导致英国特遣舰队损失部分舰艇的重要原因之一。当然,英国两艘小型航空母舰皆无法起飞固定翼舰载预警机也是舰队防空信息缺失的重要原因之一,把一切责任推卸给"海鹞"战斗机也有失公允。至于空战战果,阿根廷空军主要任务为击沉英国军舰,多携带反舰导弹进行偷袭,或临空投掷炸弹袭击,纯粹的空对空作战几乎没有,所以"海鹞"战斗机的战果无疑是被夸大的。即使是阿根廷空军的"幻影3"战斗机与"海鹞"战斗机相遇,也并非我们印象中传统的空对空交战模式,阿根廷本土距离马岛500多千米远,"幻影3"战斗机需要携带副油箱才能抵达战区,且交战时间仅有几分钟,这还是没有抛弃副油箱的情况,若抛弃副油箱则剩余燃料量不足,无法返航。战斗机携带副油箱会导致飞行阻力加大,极大地削弱飞行品质,"海鹞"战斗机的飞行员正是利用了这一点,以逸待劳才对"幻影3"战斗机取得了一定的战果。这种对战并不公平,但战争就不是公平的,充分利用本方优势打击对方才是真正的目的。《孙子兵法》有云:"计利以听,乃为之势,以佐其外。势者,因利而制权也。"意思是充分利用和发挥本方优势,灵活运用和掌握战场主动权。

"海鹞"战斗机的型号名称为FRS1,1993年最新改进型号名为FA2。在"英阿马岛战争"中,"海鹞"FRS1型战斗机的"蓝狐"火控雷达表现不佳,FA2型更换了"蓝雌狐"火控雷达,具有了下视下射能力,可发射AIM-120中距空空导弹。尽管对其进行了颇多改良,但英国皇家海军还是在2006年3月将其全部退役。

所谓"海鹞"扬威南大西洋,这些战史战绩有待商榷,宣传口径和实战表现有众多不一致之处,这些暂且不表。1983年5月6日,"海鹞"战斗机

— 终成正果

AV-8B 战斗机外观图

AV-8B 战斗机基本参数

项目	参数
乘员	1 人
机长	14.12 米
翼展	9.25 米
翼面积	22.6 平方米
空重	6745 千克
最大起飞重量	14061 千克
最大飞行速度	1085 千米/时
实用升限	15170 米
航程	2200 千米
作战半径	1100 千米（常规起飞）
发动机	MK105 涡扇发动机

发生了一次"最有价值的失误"。当天,英国飞行员沃特森驾驶"海鹞"战斗机参加北约军演,因无线电故障,他和英国皇家海军的航母失去联系。在油料即将耗尽之际,他驾驶"海鹞"战斗机以垂直降落的方式成功迫降到正在路过该海域的西班牙货轮"阿尔雷戈"号上,战机几乎完好无损。"阿尔雷戈"号的船主及船员们事后获得了57万英镑的奖励,这也算"海鹞"战斗机的一件趣事,更是充分体现了垂直起降战斗机的属性。

当然,"海鹞"和AV-8B战斗机还服役于其他国家,如西班牙皇家海军的"阿斯图里亚斯亲王"号航空母舰就搭载了EAV-8B+型,印度海军使用"海鹞"FRS.51型,这些飞机和航空母舰都面临退役或已经退役,因为更新式V/STOL战机——美国的F-35B战斗机已经开始大规模装备部队。

"铁匠"

提到垂直起降战斗机，苏联雅克夫列夫设计局研制的雅克-38绝对是一个典型代表，这一型战斗机跟英美等国类似战斗机研发的初衷不同，而是起源于苏联海军的发展建设之路。

1962年10月，古巴导弹危机爆发，两个月后，美苏两国领导人在经过谈判后，结束了这次危机。如今我们翻阅各类资料，上面充斥着苏联在当时是如何向美国做出让步和妥协，才使得人类避免了核战争，但其实这里面另有隐情。1959年，美国在意大利和土耳其部署了"木星"弹道导弹，这对苏联是一种直接威胁。古巴导弹危机之时，美苏约定各自撤走部署在土耳其和古巴的弹道导弹，以这种相互妥协的方式换取危机的结束，从而避免核大战。但美国在1963年4月按约定撤走部署在土耳其的"木星"导弹之后，紧接着就将核潜艇部署到了土耳其。美国核潜艇上携带了威力更加强大的"北极星"导弹，约定好互相解除威胁，苏联却被美国愚弄了。在古巴导弹危机之时，苏联舰船被美国人疯狂堵截围观并放肆检查，苏联在世界面前栽了跟头，丢了面子，而美国在土耳其部署的核潜艇又加剧了苏联的忧虑，在诸多因素的推动之下，苏联开始了自己海军航空兵体系的建设。

20世纪60年代正值冷战高峰，意识形态占据着主导地位，苏联对美国那类拥有大型平甲板的航空母舰嗤之以鼻，并理解为那是帝国主义象征。那时苏联有自己的想法与行事作风，我们可以理解为是时代的局限性。苏联对航空母舰的首要需求是反潜，并非美国那种海军航空兵前出打击的战术。

美国战略导弹核潜艇在苏联近海四处游弋神出鬼没，这对苏联国土安全构成了致命威胁。在这种情况下，苏联第一艘直升机航母1123型"莫斯科"级首舰"莫斯科"号于1962年12月开工，1968年服役。"莫斯科"级直升机航母长189米，满载排水量接近2万吨，平时主要搭载14架卡-25反潜直升机，必要时亦可搭载垂直起降战斗机。"莫斯科"号在服役时被苏联称为反潜巡洋舰，这个称呼还是由政治因素和意识形态决定的，主要为了规避航空母舰这个称呼。"莫斯科"级直升机航母建造了两艘，首舰"莫斯科"号和姊妹舰"列宁格勒"号。

1123型直升机航母（反潜巡洋舰）虽然顺利开工建设，但它绝大多数情况下只能搭载反潜直升机，防空能力严重不足，于是苏联开始认真思考后续舰艇的发展道路。时任苏联海军司令的戈尔什科夫海军元帅具有独到的发展眼光，他主张建造排水量更大、功能更强、可搭载大型喷气式固定翼舰载机的航空母舰，但还是因为政治因素，当时他的主张并未实现。而编队防空这个迫在眉睫的需求不容长时间搁置及互相推诿扯皮，新型航空母舰建造计划必须尽快安排。为了使上级不认为海军在建造美国式的大型航空母舰，以戈尔什科夫为首的苏联海军将领们提出了一个迂回方案——载机巡洋舰。

其实早在1960年9月，苏联雅克夫列夫设计局就已经向军方提出一项关于垂直起降战斗机研制计划的申请，并很快得到了军方的认可，这就是1963年首飞的雅克-36"徒手"战斗机。雅克-36是一架单纯的技术验证机，仅仅是为后续垂直起降战斗机打下技术基础。1963年1月9日，试飞员尤里·加尔那耶夫驾驶雅克-36成功首飞，同年完成由垂直起飞转水平飞行再进行垂直降落的转换飞行。

前文我叙述法、德、美等国在试验垂直起降验证机的时候，难度最大且无法解决的问题并非垂直起飞，而是在垂直起飞后转换为水平飞行再成功进行垂直降落的转换阶段，这个问题始终困扰着上述国家的研制机构，但苏联在研发雅克-36时成功解决了这个问题。在那个没有机载计算机和电传操纵

雅克-38

系统的年代，仅依靠传统机械式飞行控制系统完成高难度飞行课目，与欧美各国相比，苏联航空同行确实技高一筹。

无论是 C.450 还是康维尔 XFY-1，一众垂直起降战斗机的较典型布局就是单发，无论是尾座式还是喷口偏转式，多数都以单发设计出现。当然，德国 JV-101C 方案属于特例，数个小型发动机对于飞机姿态和稳定性的控制难度较大。雅克-36 则以另一种设计布局出现，那就是双发布局：两台 R-27-300 涡喷发动机并列布置，机头进气，外形甚为丑陋。

雅克-36 是一款单纯的技术验证机，主要为了验证垂直起降技术和发展思路，所以飞行品质和载油量等数据并不优秀，但苏联的垂直起降飞机已经可以说是迈出了坚实的一大步。

雅克-36 的巨大成功，有力地推动了苏联航空母舰的发展，就在戈尔什科夫一筹莫展之时，雅克-36 的垂直起飞方案映入眼帘，载机巡洋舰的思路找到了。戈尔什科夫责成苏联涅瓦设计局拿出新式载机巡洋舰的方案，主要搭载垂直起降舰载战斗机。就这样，在涅瓦设计局推出的 9 套方案中，1 号方案胜出，这就是后来我们熟知的 1143 型"基辅"级航空母舰。

当时雅克-36 虽然验证结果尚佳，但其距离实战服役型战斗机还有不少路要走，苏联军方对垂直起降战斗机提出若干修改意见之后，雅克夫列夫设计局对雅克-36 进行了彻底的修改升级，这就是大名鼎鼎的雅克-36M，后更名为雅克-38，北约代号："铁匠"。

1970 年，1143 型航空母舰首舰"基辅"号在克里米亚的黑海尼古拉耶夫造船厂 0 号船台开工建造，1977 年服役，进入北方舰队成为旗舰。"基辅"号航空母舰长 270 余米，满载排水量 43500 吨，最大载机数量为 33 架，其中可搭载雅克-38 12 架，其余为反潜直升机或通用直升机，雅克-38 是世界上第二款服役的垂直起降战斗机。"基辅"号航空母舰被苏联军方称为载机巡洋舰，其不伦不类的船体设计和眼花缭乱的设备布置被人诟病。有别于传统航空母舰，"基辅"号前部布置了数枚 SS-N-12 反舰导弹、SA-N-3/4 型防空导弹和火箭深弹发射器（1、2、3、4号舰搭载武器和数量各不同），载机巡洋舰这个称呼确实恰如其分，但为了叙述方便，本文仍称其为航空母舰。按照如今的观点，这就是一艘可以搭载垂直起降战斗机的巡洋舰，跟我们认知的航空母舰关系不大，倒有一丝美国制海舰的感觉。

雅克-38作为雅克-36的升级改进型战斗机服役于"基辅"号，这一型飞机的外观与性能跟英国"鹞"式战斗机相差不大，有一种说法："基辅"级航空母舰就是为了雅克-38而生的。

雅克-38，1971年首飞，5年后的1976年服役。雅克-38装备有一台R-28V-300涡扇发动机，喷口在尾部，提供升力和推进动力，驾驶舱后部还有两台RD-36-35FV升力发动机，呈三发布局，这种设计不必像"鹞"式那样需要两侧必须有巨大进气口，因此在水平飞行时阻力更小，速度更高。但三台发动机在垂直飞行状态下需要协同工作，一旦其中一台失效或故障，对飞机来说都是灾难性的，几乎没有挽救的可能，这大大增加了危险性和不确定性，且维护难度增高。"鹞"式在垂直起飞的情况下作战半径为90余千米，雅克-38也没有好到哪里去，仅为100千米左右，与"鹞"式几乎相当。雅克-38的载油量低，自身机体也较小，若是进行反常规的垂直/短距起降作业，其作战半径必然小得可怜，苏联军中更是自嘲地调侃雅克-38为"桅杆保卫者"。雅克-38的载弹量也和"鹞"式相差无几，皆为两吨多，两款战机在这部分数据上都相当难看。雅克-38的设计初衷就被定义为单纯的防空截击机，依赖地面/舰队指挥迎击敌机，所以飞机本身只配备了相对简单的航空电子设备，包括无线电、敌我识别系统、导航系统和飞行数据记录仪等，没有装备火控雷达，只有机炮和火箭弹瞄准镜。雅克-38的机载设备实在太简陋了，"鹞"式至少还装备了性能欠佳的"蓝狐"火控雷达，虽然水平较差，但也比近乎盲人的雅克-38强得多。不过苏联军事体系一向如此，防空军和海军舰载航空兵严重依赖地面指挥，不止雅克-38，后来的雅克-41甚至苏-33的机载电子设备也极其简陋，这与苏联的作战模式有关。尽管雅克-38性能很差，

那些奇怪的飞行器：航空探索

雅克-38 基本参数

乘员	1 人
机长	15.5 米
翼展	7.32 米
翼面积	18.5 平方米
空重	7385 千克
最大起飞重量	11300 千克
最大飞行速度	1280 千米/时
实用升限	18300 米
航程	1400 千米（常规起降）
作战半径	556 千米（常规起降）
发动机	R-28V-300 涡扇发动机

雅克-38

但这毕竟是苏联首款实用型垂直起降舰载战斗机,"基辅"级航空母舰至少有了载机。

雅克-38服役了,跟着"基辅"级航空母舰开始战斗值班,但雅克-38无论在航程、机动性、载弹量、电子设备等方面都是非常差的一型战斗机,仅解决了有无问题,离拥有可靠强悍的战斗力相差较远。据统计,雅克-38总共才服役了230余架,服役期间坠毁了30余架,事故率很高。该机以现在的眼光来看,仅垂直/短距起降性能是勉强成功的,其余指标皆一塌糊涂,即使雅克-38服役了,苏联舰队的"桅杆"安全也没有得到任何保证。

1962年8月,美国"福莱斯特"号航空母舰(CV-59)开始搭载F-4B"鬼怪"式重型舰载战斗机,这种战斗机在20世纪60年代至70年代属于世界一流重型战斗机,不但美国空军、海军、海军陆战队皆有装备,还出口多国,性能超群,称霸海天。F-4"鬼怪"战斗机的改进型号也非常多,加装了AN/APQ-72火控雷达等先进电子设备,是美国海空军绝对的主力战斗机。苏联的雅克-38显然不是F-4"鬼怪"的对手,于是苏联也开始了新的造舰造机计划。

苏联原计划只建造两艘"基辅"级航空母舰,后续就开展大型航空母舰的建造计划,但这一计划被时任苏共中央书记的乌斯季诺夫反对,他认为应该改进雅克-38,继续建造与"基辅"级航空母舰类似的载机巡洋舰。乌斯季诺夫表示雅克夫列夫设计局应该在雅克-38的基础上再接再厉,发展后续机型,也就是雅克-41。乌斯季诺夫倾向适度加大"基辅"级航空母舰的舰体,研发新式超声速垂直起降战斗机,反对重型固定翼舰载机上舰,期望摒弃美国式航空母舰的思路。在当时,戈尔什科夫曾提出1160型"勇士"级大型航空母舰计划,计划该舰满载排水量达到85000吨,装备三座蒸汽弹射器,采用核动力,搭载米格-23K与苏-24K舰载机,应于1986年前服役三艘,但该方案被乌斯季诺夫否决。回顾这段历史,很多人认为乌斯季诺夫不应该反对,是他阻碍了苏联航空母舰的发展,但乌斯季诺夫的反对不无道理。首先,黑

海尼古拉耶夫造船厂 0 号船台的造舰上限为 7 万吨，1160 型"勇士"级航空母舰设计满载排水量 85000 吨，显然要对 0 号船台进行扩建和改造，这需要耗费大量的时间和金钱。其次，苏联蒸汽弹射器的研发始终停滞不前，技术问题无法突破，功率及可靠性等一系列问题无法解决。再加上 20 世纪 60 年代苏联核反应堆技术状态不稳定，核潜艇屡出事故，反应堆问题的解决更是难上加难。最后，1160 型"勇士"级航空母舰计划搭载米格-23K 战斗机的战斗力是否强于美国 F-4"鬼怪"还要打一个大大的问号，即使 1160 型"勇士"级航空母舰按计划建造并服役也是十几年之后的事了，那时米格-23K 肯定已经落后，美国航空母舰上很可能换装更加先进的舰载机，问世即落后，这是无论如何无法让人接受的事。综上所述，乌斯季诺夫反对 1160 型"勇士"级航空母舰的建造计划合情合理。

建造 1160 型"勇士"级航空母舰的计划被否决，戈尔什科夫并未死心，马上又搬出 1153 型计划。1160 型"勇士"级航空母舰因为吨位超过 0 号船台上限而受阻，所以 1153 型吨位定为 7 万吨，未超过 0 号船台的上限。1153 型设计有两座弹射器，舰载机计划更换为 T-10K，但此时苏霍伊设计局的 T-10 方案还在无限期的修改设计之中，所以又搬出老的米格-23K 加苏-24K 方案。另一个绕不过去的问题还是核反应堆，因为担心反应堆的安全性，所以 1153 型设计为 2 座核反应堆加 2 台蒸汽锅炉的奇怪组合，这样即使反应堆出故障还有常规动力可用。就在 1153 型即将开工之时，戈尔什科夫的伙伴，1153 型航空母舰的坚定支持者，时任国防部长格列奇科病逝，乌斯季诺夫继任了国防部长一职，1153 型不出意外地又被乌斯季诺夫这个"保守派"否定了。

新式航空母舰的计划一再被否定，涅瓦设计局也一次又一次拿出新的解决方案，这一次又提出了 5 套方案，戈尔什科夫选定了 5 号方案进行研究探讨。新的 5 号方案计划在"基辅"级之上进行全面改进，舰载机更换为 T-10K 加雅克-41，加大舰体，增加相控阵雷达和防空火力，但这个方案再一次被否决。然后涅瓦设计局又拿出一个方案，既然蒸汽弹射器的研发迟迟跟不上

— 终成正果

雅克-38 外观图

进度，那么就使用滑跃起飞方式，舰载机使用米格-29K加雅克-41，这就是1143.42方案，这种不伦不类的奇葩方案不出意外地也被否决了。经过重重波折，1981年3月，苏联最终确定了1143.5型航空母舰方案，1143.5型航空母舰满载排水量58600吨，滑跃起飞方式，舰载机在T-10K和米格-29K之中竞争选出，最终T-10K得到订单，这就是我们熟知的苏-27K，1998年正式更名为苏-33。

以上为苏联航空母舰的简单发展史，并没有描述相关细节。本书主要介绍各式奇怪的飞行器，雅克-38与雅克-41的历史背景只需要有一个大致了解，所以关于苏联航空母舰的发展史这里就不占用过多篇幅介绍了。

那么，被乌斯季诺夫反复拿出来的雅克-41到底是怎样一型战斗机呢？

前面我简述苏联航空母舰发展史时提到，雅克-41是苏联雅克夫列夫设计局于1975年开始设计，1987年3月首飞，与雅克-38类似，使用三发布局，由R-79V-300涡扇发动机提供升力和推进动力，升力发动机为两台RD-41发动机，北约代号"自由"。雅克-41采用矩形进气道，棱角分明，与米格-31类似，显然是为了进行超声速飞行而准备。

公开资料显示，雅克-41仅制造了四架原型机，0号机为静力破坏试验用机，1号机主要进行地面测试，2号机和3号机为飞行测试机，2号机和3号机后期更名为雅克-41M。相比雅克-38，雅克-41使用了三余度并联全权限数字电传操纵系统，这极大改善了飞行品质与操纵性，安全性亦得到有效提升。雅克-41的最大速度远超雅克-38，达到了1798千米/时，是20世纪飞得最快的、第一款超声速垂直起降战斗机。雅克-41计划使用"Zhuk S-41M"火控雷达系统，号称最远探测距离为100千米，可同时跟踪8到12个空中目标，同时攻击2到4个目标，这些指标甚至强于苏联主力重型战斗机苏-27。

1991年4月11日到25日期间，雅克-41以雅克-141的名义进行了12项破纪录飞行，并被FAI（国际航空协会）认可，从此雅克-41被冠以雅克-141的名称。1991年10月5日，其3号机在"戈尔什科夫"号航空母舰（"基辅"

级 4 号舰）上进行着舰试飞时意外坠毁，试飞员雅克伊莫夫弹射逃生。

1991 年，苏联解体，因为失去了资金来源，所有军工研发生产项目都按下了暂停键，雅克夫列夫设计局也没有例外，雅克 -141 项目只好暂时搁置。同苏霍伊设计局和米高扬设计局一样，雅克夫列夫设计局也在那时积极寻找海外客户或者资金技术上的合作以求生存。在 1992 年 9 月，雅克 -141（2 号原型机）参加了英国范堡罗航展进行展出，雅克夫列夫设计局在当时对外宣称没有取得任何成效，也没有争取到国外合作。1993 年，面对现实状况，雅克夫列夫设计局无奈宣布雅克 -141 项目终止，但是雅克 -141 的故事并没有结束，一个更加戏剧性也颇有争议的事件在 1994 年发生了。

1994 年，美国洛克希德公司（1995 年洛克希德公司与马丁·玛丽埃塔公司合并更名为洛克希德·马丁公司）承认了与雅克夫列夫设计局之间存在合作关系，而雅克夫列夫设计局也推翻了自己原来的说辞，承认两家企业在 1991 年底即开始合作，洛克希德公司向其注资 4 亿美元共同开发。这个事件直接导致截至目前都流行的一种说法：普惠 3BSD 喷口抄袭了雅克 -141 的，美国 F-35B 是借鉴了雅克 -141 的技术。这到底是怎么一回事，普惠 3BSD 喷口又有怎样的研发历程，F-35B 真的借鉴和抄袭了苏联雅克夫列夫设计局的技术吗？在回答这些问题之前，让我们先回顾一下 F-35B "闪电Ⅱ" 的研发历程。

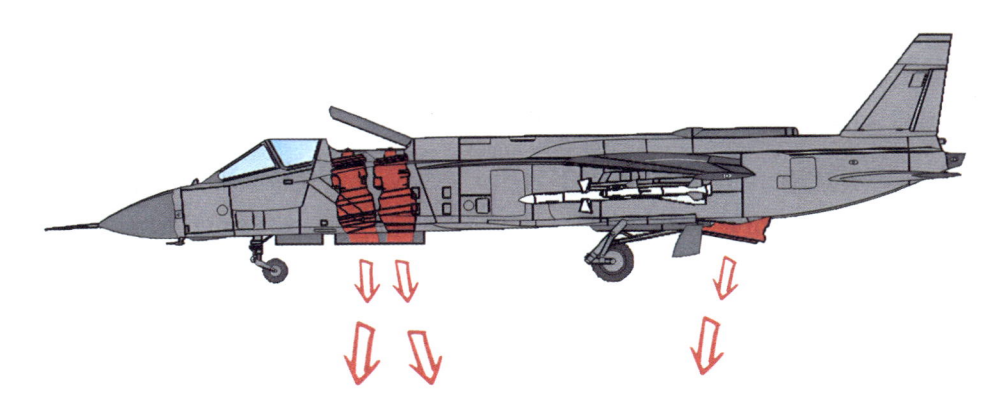

雅克 -41 垂直起飞发动机喷管方向示意图

"闪电 Ⅱ"

3BSD 之争

世界航空强国对垂直起降战斗机的兴趣始于 20 世纪 60 年代冷战最激烈的时期,那个时代的历史背景在前文中我已经介绍了很多。当时北约的欧洲基地被认为极易受到华约军事集团先发制人的攻击,而垂直起降战斗机被隐藏在坚固的掩体中,即使机场跑道等基础设施被大部分摧毁仍可起飞和降落,不至于彻底丧失战斗力,还能继续争夺制空权。

美国、英国、德国和法国都研发了多种垂直起降战斗机,但只有英国"鹞"式战斗机投入了使用。与此同时,苏联雅克-38 战斗机开始服役,它使用与英国"鹞"式战斗机类似的发动机和喷口布局。美国海军在 20 世纪 60 年代就已经开始研究舰载垂直起降战斗机,计划用在后期的制海舰或其他没有弹射器的舰艇上。此外,美国海军的作战需求还要求这些战斗机要像传统舰载战斗机一样运行,这需要更大推力的发动机,也就是前文我描述的 XFY-1 和 XFV-12 等项目。但这种操作方式导致飞机设计得越来越大、越来越重,其结果就是需要更大的垂直升力。在经过大量测试和相关研究后专家得出结论,最佳解决方案是在驾驶舱后部增加升力发动机,以提供飞机重心前方的垂直升力,英国罗尔斯·罗伊斯公司和其他发动机制造商专门针对此类应用开发了紧凑型喷气发动机,发动机数量和位置的各种组合在多个垂直起降原型机和验证飞机上进行了测试。

20世纪60年代中期，美国若干发动机公司都研究了三轴承旋转喷口（the three-bearing swivel duct nozzle，简称：3BSD）设计，美国专利局先后收到了普惠公司、通用动力及波音军用飞机等公司针对三轴承旋转喷口多种变体的申请。1967年，普惠公司已经出具了详细的三轴承旋转喷口设计布局，计划装配在康维尔200型战斗机之上。对三轴承旋转喷口的测试包括在发动机完全加力的情况下转动喷口，并使喷口偏转90度，初次测试该装置定位为向上排气，以避免加热测试台下的地面，随后的测试中将喷口向下定位在地面上，以评估接近地面的背压对喷口性能的影响。

康维尔200型战斗机于1972年6月提出设计计划，旨在响应美国海军为制海舰设计战斗机/攻击机的要求，该机计划使用带有加力三轴承旋转喷口的F401-PW-400发动机以及位于驾舱后的两台罗尔斯·罗伊斯XJ-99升力发动机，用来增加重心前方的垂直升力，以平衡尾部喷口推力。为了应对加力后喷口和升力发动机高温高压共同产生的地面环境，配套舰艇将配备带有金属格栅的特殊垂直着陆区域，以应对热气流的高温灼烧而不损坏舰体。可以说康维尔200是世界上首款计划使用三轴承旋转喷口的垂直起降飞机，这比雅克-41（141）系列早了很多年。但遗憾的是，康维尔200只制造了一个全尺寸模型，并没有进行全面系统性的飞行测试。

因不适应普通舰艇甲板不耐高温的特性，康维尔200的设计要求直接导致了罗克韦尔XFV-12增强型机翼（TAW）的研发，但事实证明依然无法产生足够的推力进行垂直飞行。当时很多人一开始就认为这些项目会失败，但不管怎样，三轴承旋转喷口设计还是被提出并验证了。

整个20世纪70年代至80年代，有关垂直起降战斗机取代常规战斗机的研究一直在持续，也曾尝试增加"鹞"式战斗机原始设计中所没有的超声速性能、多任务航空电子设备和雷达。DARPA（美国国防部高级研究计划局）在20世纪80年代末开始参与了垂直起降战斗机的研究，洛克希德公司、通用动力公司、麦道公司和波音公司都进行了概念设计，这些研究增强了洛克希德公司在垂直起降战斗机方面的研制经验。1993年，洛克希德公司收购了通用动力公司沃斯堡工厂的业务，这是当时通用动力公司唯一涉及飞机制造和设计的部门。而DARPA的垂直起降战斗机计划后来演变为三军联合先进打击技术项目，之后再次演变为联合打击战斗机概念，这就是X-35，也就是今天的F-35"闪电Ⅱ"系列战斗机。

DARPA的垂直起降战斗机计划包括LSPM（大型动力模型）的建造和风洞测试。该计划中主喷口的原始设计是二元单膨胀斜坡喷口，被称为SERN。在这种设计中，一个喷嘴挡板比另一个长，喷口通过将上襟翼偏转至少90度来引导主推力，为了控制悬停时的喷口出口区域，下襟翼被设计为滑动面板，可根据需要缩回以调节发动机的背压，这是使轴驱动升力风扇涡轮工作所需的关键控制。英国罗尔斯·罗伊斯公司签约建造LSPM喷口，在普惠F100发动机后面运行，并设计了X-35初始状态喷口。随着洛克希德公司开始在DARPA垂直起降战斗机计划下对尾喷口进行小规模风洞测试，罗尔斯·罗伊斯公司开始制造LSPM的硬件。而发动机气流流入上瓣，其处于偏转位置并穿过下唇分离，喷口的重量也必然增加，该设计方案的缺点变得更加明显。其喷口平坦的侧面和大的上盖不能成为良好的压力容器，需要更厚的材料和大量的外部硬化来保持喷口形状并允许阀瓣密封。LSPM喷口在NASA-Ames风洞和悬停试验台上的测试证明了轴动升力风扇系统可以运行，但X-35的喷口需要更好的解决方案。

与此同时，洛克希德公司正在将前通用动力公司团队的一部分工程成果整合至该项目中。洛克希德公司的工程师们开始查询康维尔200的历史档案，尤其是对于喷口的描述。1994年10月，普惠公司资助了洛克希德沃斯堡团队对三轴承旋转喷口进行的研究。这项工作评估了此种喷口在垂直升力位置的离地间隙，计算了喷口的阻力，并预测了所安装推进系统的整体性能。研

F-35B

究结果表明，三轴承旋转喷口设计明显比 SERN 的重量轻很多。此外，该设计还在所有模式下展现出卓越的推进性能，三轴承旋转喷口后来演变为 X-35 的设计布局。

后期三轴承旋转喷口进行了尺寸变更，以匹配 X-35 项目。通过采用三轴承旋转喷口代替矩形 SERN，预计可减轻 1800 磅（1 磅 ≈ 0.454 千克）以上的重量，从而有助于 X-35 设计的整体平衡。此外，三轴承旋转喷口还提供了 SERN 所不具备的内置偏航功能。三轴承旋转喷口通过第一个旋转轴承提供偏航控制，由此产生的偏航推力通过发动机中心线施加，非常靠近飞机的垂直重心，在此位置推力不会产生额外的滚动力矩。三轴承旋转喷口在水平飞行和垂直升力模式下都提供了更好的升力系数，三轴承旋转喷口的垂直升力位置相对于 SERN 向前移动得更远，从而在前升力风扇和尾喷口之间实现了更好的悬停平衡。

洛克希德 X-35 设计团队于 1995 年正式从 SERN 改为三轴承旋转喷口，为该项目飞机的垂直起降版本配备了紧凑的轴对称收敛/发散喷口，从而增加了其在舰艇上垂直起飞降落的飞行品质。

2001 年 6 月，X-35B 原型机首飞成功，原型机和量产发动机喷口与康维尔 200 的设计非常相似，X-35 的所有三种型号均配备有专为垂直起降型设计的喷口叶片。

许多资料中显示，美国 X-35 计划使用的三轴承旋转喷口是抄袭或者说借鉴了雅克 -141 的设计，但美国自己宣称在雅克 -141 首飞之前的 20 多年前，三轴承旋转喷口就已经开始研发并测试，上文我也简单回顾了美国 X-35 的研发历史，这种说法仍存在争议。

按照凯文·伦肖（曾担任通用动力公司总工程师，1994 年将三轴承旋转喷口纳入 X-35B 设计时担任洛克希德工程师里克·雷扎贝克的副手）的说法：

雅克 -141 的喷口也是一个三轴承旋转喷口，雅克 -141 使用了两台 RD-41

升力发动机,与康维尔 200 的设计几乎相同。雅克 -141 于 1991 年在巴黎航展上进行了飞行,但当升力发动机产生的热量开始使停机坪上的沥青脱落时,它的飞行表演暂停了。在 1992 年范堡罗航展上,雅克 -141 进行了常规起飞和着陆,在跑道上方 500 英尺(1 英尺 ≈ 0.304 米)处进行了悬停展示飞行,以避免跑道沥青被损坏。雅克 -141 确实值得赞誉,因为它是第一型使用三轴承旋转喷口飞行的喷气式战斗机,尽管距离三轴承旋转喷口在美国首次被设计出来已有 20 多年了。

在 JSF(联合攻击战斗机计划)项目的早期阶段,洛克希德公司与其他几家航空设备供应商一起参观了雅克夫列夫设计局,以评估雅克夫列夫设计局的技术状态。当时雅克夫列夫设计局正在寻找资金以维持雅克 -141 项目的研发,洛克希德公司提供了少量资金,以换取雅克 -141 的性能数据和有限的设计数据,美国政府人员被允许检查这架飞机。然而,在这些访问之前,三轴承旋转喷口设计已经在 X-35 上安装就位了。

三轴承旋转喷口于 20 世纪 60 年代在美国被发明,20 世纪 70 年代由康维尔公司向美国海军提供,普惠公司在此基础上进行了重新设计,并于 21 世纪初投入生产用在 F-35 飞机上。

以上为美国人的说法,仅供参考。

他们认为 20 世纪 60 年代美国在研发康维尔 200 飞机之时,就已经对三轴承旋转喷口进行了大量相关研究,普惠公司在 F-35B 的 F135-PW-600 发动机上进行了实践,所谓 F-35B 抄袭借鉴雅克 -141 的说法是无稽之谈。从时间线上分析,倘若上述历史属实,美国确实要先于雅克 -141 研究三轴承旋转喷口,也进行过大量科学试验,三轴承旋转喷口的发明者并无争议。但 X-35 测试之时其设计人员参观了雅克夫列夫设计局,并对其相关项目进行了详尽数据分析,这对后期 F135-PW-600 发动机的成熟必然起到推动作用,这一点也

毋庸置疑。即使按照美国的说法，他们是三轴承旋转喷口的发明者，但康维尔 200 从未起飞，项目只存在于设计阶段。而雅克 -141 是世界上首款使用三轴承旋转喷口的超声速垂直起降战斗机，这是客观事实。

当然，谁抄袭了谁，谁借鉴了谁，谁才是首创等争议还是会存在，也将继续争论下去，这些并非本书关注重点，仅提供历史资料或当事人口述，未必绝对准确。谁是谁非自有历史来评判，我们权当了解一小段历史。

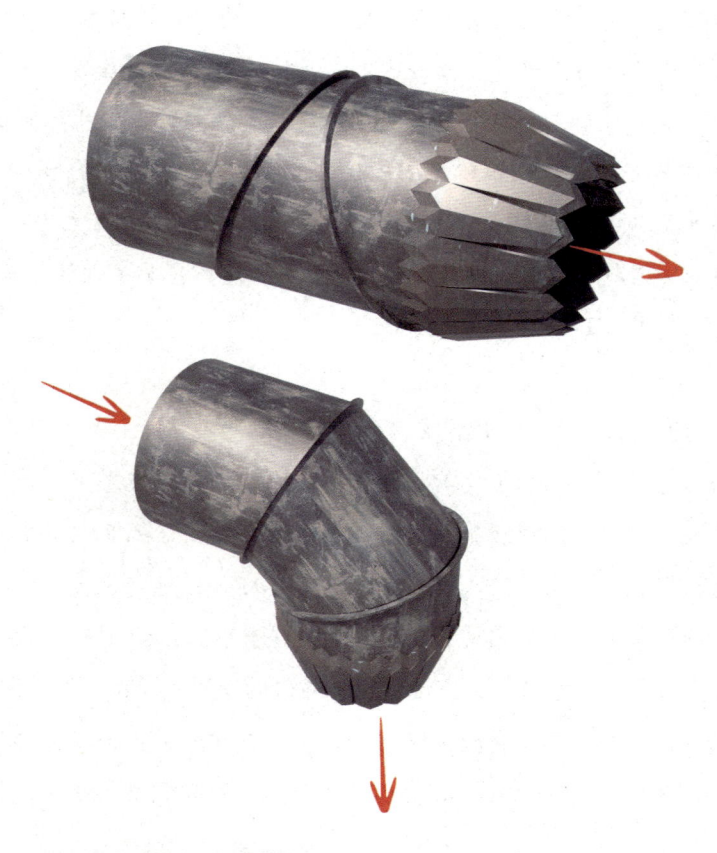

F-35B 的 F135-PW-600 发动机喷口旋转示意图

F-35B 的垂直起飞姿态

F-35B

联合打击战斗机计划（Joint Strike Fighter，简称 JSF）是 20 世纪最庞大的战斗机研发采购项目，目的为替换美国海军、空军、海军陆战队以及其友好国家的老旧战机。该计划要求飞机为一型多用、一型多能，三军通用、高度隐身化、智能化、低成本，主要分为海军舰载型、空军型及海军陆战队垂直起降型。

计划要求

- 低成本（Affordable）

所有新战机将在其目标成本内进行采购，运行和维护成本必须大大减少。

- **高致命性（Lethal）**

新战机需不受天气限制，可进行空对地的精确打击，还需具有强悍的空对空战斗能力。

- **高存活性（Survivable）**

新战机必须是拥有低可侦测性的超声速战斗机。

- **高支援性（Supportable）**

最大限度地减少结构重量和组装的复杂性，各型号零件通用性达到70%~90%。

联合打击战斗机计划项目是共同可负担之轻型战斗机（Common Affordable Lightweight Fighter，简称CALF）和联合先进攻击技术（Joint Advanced Strike Technology，简称JAST）两个项目合并而来，合并后的项目在联合先进攻击技术的名义下继续，直到工程制造和发展阶段更名为联合打击战斗机计划项目。CALF是美国国防部计划为美国海军陆战队提供一种垂直/短距起降型攻击/战斗机，以替代F-16战斗机。1980年之后，美国空军放弃了F-16战斗机垂直起飞后续机的升级计划，并开始考虑其他设计。1992年，美国海军陆战队和空军同意共同发展CALF。

联合先进攻击技术项目办公室于1994年1月27日成立，以开发军用武器和传感技术为主，其目的是研发先进战机配套技术，为后续研制新一代战机，取代美国和英国的几种老旧战机作准备。1995年11月，英国正式签署了谅解备忘录，成为此计划的一个正式合作伙伴，并同意支付2亿美元的研发费用。

立项之后，洛克希德·马丁公司和波音公司为了竞争JSF项目，分别拿出自己的验证机用于测试与评估，洛克希德·马丁公司提出X-35方案，波音公司提出X-32方案。2000年9月18日，X-32首飞成功，10月24日，X-35首飞成功。经过各阶段试验后，美国国防部在2001年10月26日宣布联合打击战斗机计划由洛克希德·马丁公司的X-35中标，波音公司的X-32落选。

F-35B

X-32 在测试中出现了各种各样的问题和状况，最令美国军方不能容忍的是 X-32 在测试期间居然无法进行垂直降落，而且 X-35 飞行性能的各个方面都大幅度领先 X-32。X-35 最大的优势在于对 F-22 的技术继承，可以说当时的 X-35 就是简化版的 F-22，这对后续研发和制造成本的降低是十分有利的。

美国军方选择洛克希德·马丁公司的 X-35 而没有选择 X-32，还因为其升力风扇的设计，事实证明该设计优于波音公司的矢量推力方式。升力风扇由飞机发动机通过离合传动轴提供动力，虽然在技术上具有挑战性，但升力风扇具有显著的过剩功率，考虑到所有战斗机随着持续改进都会经历的重量增加，这点十分重要。

洛克希德·马丁公司开发的联合打击战斗机用以满足美国海军、海军陆战队、空军以及英国皇家空军、海军的需求，其所有版本都具有相同的机身和内部武器舱、相似几何形状结构的通用外模线、相同的机翼后掠角和相似的尾部形状，武器存放在主起落架后部的两个平行舱内，座舱盖、雷达、弹射系统、电子系统和航空电子设备在所有不同版本中都是通用的，发动机为基于普惠公司的 F119-PW-100 涡扇发动机发展而来的 F135 系列发动机。

其中，空军型被称为 F-35A，海军陆战队垂直起降型被称为 F-35B，海军舰载弹射型被称为 F-35C。三个型号的发动机都是普惠 F135 涡扇发动机，但略有不同，A 型使用 F135-PW-100，B 型使用 F135-PW-600，C 型使用 F135-PW-400。2006 年 7 月，美国空军宣布 F-35 代号为"闪电 Ⅱ"。2015 年 7 月，B 型率先进入美国海军陆战队服役，A 型和 C 型分别于 2016 年和 2019 年服役。截至 2024 年 1 月，F-35 已生产 1000 架。

发动机： F135 系列发动机的动力充沛，推力大，性能良好，完全满足各型号在各种环境下的使用，其推力达到了惊人的 18 吨。美国国防部曾经提出过改良 F135 发动机的计划，计划使其推力达到 22 吨，甚至 28 吨，但目前没有见到该计划的实施。尽管 F135 系列发动机性能强悍，实力超群，但美国军方并不满足，这时其新式概念发动机也有持续进展及大量成果问世，这就是

AETP 计划。

XA100 发动机又称通用电气 XA100，是一种变循环发动机[一]展示机型，由通用电气公司为洛克希德·马丁公司 F-35 战斗机项目和美国空军第六代战斗机制空权计划（NGAD）进行开发。通用电气公司称 XA100 比 F135-PW-100 发动机推力提高 20%，燃油效率提高 25%，航程增加 30%。虽然 XA100 的各项参数非常亮眼，但该款发动机还有很长一段路要走，技术上的重大突破需要更多时间和大量测试，并非一朝一夕能够完成。尽管如此，通过该发动机还是能看出下一代战斗机发动机的前进方向和巨大潜力。

当然，美国老牌航空发动机研发企业普惠公司也在研发自己的变循环发动机，名称为普惠 XA101，以区别于通用电气的 XA100。两款发动机各自测试，相互竞争。但是，变循环发动机只能装备在 F-35A 和 F-35C 上，F-35B 无法使用，所以在下一代发动机问世之前，F-35B 还将继续使用 F135-PW-600 发动机。

雷达：F-35 装备了先进的雷达火控系统和电子设备，除了 AN/APG81 相控阵雷达之外，还有 AAQ-37 分散式孔径系统。该系统在机身前后安装了 6 个传感器，可即时为飞行员提供需要的作战信息，而先进的头盔显示系统可以从分散式孔径系统中获取全方位资料。其头盔系统完全替代了传统战斗机的抬头显示器。根据诺思罗普·格鲁曼公司官方披露，该公司正在为 F-35 开发更先进的 AN/APG-85 相控阵雷达火控系统，这种雷达与 F-35 各型号都能完美兼容，集成了大量最新科技成果，有助于 F-35 在未来战场确保空中优势和显著提高生存力。

[一] 传统航空发动机的热力循环特性固定不变，发动机只能在一种模式下工作，仅在有限的飞行范围内具有最好的性能。变循环发动机（VCE）则不同，它是一种多设计点发动机，通过改变一些部件的几何形状、尺寸或位置，来调节其热力循环参数，改变发动机循环工作模式（高推力或低油耗），使发动机在各飞行情况下都能有最佳工作状态。与此同时，变循环发动机能以多种模式（包括涡轮模式、涡轮风扇模式和冲压模式等）工作，因而在亚声速、跨声速、超声速和高超声速飞行状态下都具有良好的性能。

那些奇怪的飞行器：航空探索

F-35B

EOTS： F-35 的所有型号都配备了 EOTS（光电瞄准系统），这是一种经济实惠、高性能、轻型的多功能系统，能提供精确的空对空和空对地瞄准能力。该系统类似于苏 -27 战斗机机头上方的光电瞄准系统，但其阻力更低且采用隐形化设计，功能也更强大，它通过耐用的蓝宝石窗口集成到 F-35 机身中，并通过高速光纤接口连接到飞机的中央计算机上。作为首款结合前视红外、红外搜索与跟踪功能的传感器，EOTS 增强了 F-35 飞行员的态势感知能力，使飞行员能够快速识别目标区域、执行侦察并精确发射激光或 GPS 制导武器，这就是被众多军事装备爱好者们津津乐道的所谓 F-35 的"上帝视角"。美军目前正在开发的更新一代 EOTS 是一种进化型光电瞄准系统，可用于 F-35 的 Block4 改进型，新一代 EOTS 在功能上进行了广泛的增强和升级，包括短波红外、高清电视、红外标记和改进的图像分辨率，这些增强功能增加了 F-35 飞行员的识别和探测范围，从而实现更高的整体瞄准性能。

以上为 F-35 系列战斗机的简略介绍，可以看出 F-35 战斗机不同于英国"鹞"式战斗机和苏联雅克系列战斗机，F-35 技术先进，且成熟稳定、产量大、装备国家多，与上述几款战斗机相比，无论从技术上还是可靠性上都提升了几个层次。不过 F-35 也不是完美无瑕的，就在服役几年之后，F-35 机队状况频出，暴露出零件损坏率高、发动机耐用性低、发动机涡轮叶片防热涂层磨损过快等缺陷，仅 2021 年就有将近 50 架 F-35 无法执行战斗值班任务，这大大影响了整个 F-35 机队的出勤率和装备妥善率。

　　此外还有一个较突出的问题，F-35 是在一个机体上小幅度修改而成的三军通用版本，俗称"一机三型"。这种方式固然可以降低研发和维护成本，零件互换率也较高，但无法回避的问题是在一个机体三种属性的情况下，必然会无法兼顾每一个重点，结果就是"四处开花花不艳"。因为 F-35B 为垂直/短距起降型，所以升力发动机和主发动机占据了大量机内空间，导致弹舱容积较小，载弹量并不高。不过据洛克希德·马丁公司宣称，在后续 Block4 改进型号中将会使用一种被称为 Sidekick 的新式导弹挂架，F-35 因机身设计问题弹舱仅能容纳 4 枚 AIM-120 中距空空导弹，Sidekick 的加入可使导弹数量增加 2 枚，但即使如此，还是比 F-22 少了 2 枚。还有一点，F-35 比其验证机 X-35 重量增加，且经过大幅度修改后，F-35 机体呈现"短粗胖"的形态，这势必会影响飞行品质。不过因为有着 F135 发动机强劲动力的加持，F-35 虽体胖却不失灵活，在各种航展上的飞行表演动作并不逊于以机动性闻名的 F-16，甚至可轻松表演"落叶飘"等高难度机动动作。因 F-35 是 21 世纪最新研发服役的先进战斗机，其航电设备比美国空军王牌战斗机 F-22 更加先进，美国空军甚至评价 F-35 的隐身性能比 F-22 更加出色。当初的"小弟"反超"大哥"，这也是时代的必然。

　　F-35 是美国最庞大、耗资最多的军事装备采购项目，美国军方在 F-35 上的花费将达到历史性的 1.7 万亿美元，计划生产 2500 架以上。此等大手笔的 F-35 项目，美国花的钱是否值得？F-35 的战斗力能否让美国军方满意？回答是肯定的，F-35 确实是一款物有所值，甚至物超所值的先进战斗机。

　　2017 年的"红旗"17-1 军演中，13 架来自美国希尔基地的 F-35A 担任蓝方，在极其严苛的情况下与红方模拟交战，"击落"145 架红方战斗机，自身"损失"7 架，还都是在被迫进入目视范围内的空中格斗情况下损失的，交换比超过了 1：20，展现了 F-35A 强大的战斗力。另外，其机队出勤率和妥善率达到了 90%，这个惊人的数据是建立在 F-35A 自身性能和维护性高的基础上的，加上地勤人员的努力，共同创造出这份优良的成绩单。

有喜亦有忧，辉煌也伴随着挫折和失败。2018年9月，隶属于美国海军陆战队F-35B的发动机燃油管线因制造瑕疵破损，导致发动机供油量不足而坠机，所幸飞行员弹射离机，这是F-35系列的首次坠机事故。

福不双至祸不单行，2019年4月9日，日本自行组装的首架F-35A于日本航空自卫队（JASDF）三泽基地起飞后，在距离青森县约135千米的海面上坠毁，后找寻到飞行员部分遗骸及其他物品。根据日本航空自卫队方面披露的信息，失事战机上的飞行员为三等空佐细见彰里，其总飞行时间超过3200小时，这架F-35A的飞行时间约60小时。后经研判，初步断定是因为飞行员在夜间飞行时没有掌握和控制好飞行高度而发生坠海。

更加不可思议的一次事故发生在2021年11月17日，英国皇家海军617中队的一架F-35B从"伊丽莎白女王"号航空母舰起飞时坠毁。后经查实，地勤人员在飞机起飞前竟然没有移除飞机遮雨罩，飞机起飞时一块布条被吸入发动机，导致发动机推力不足而坠毁，所幸飞行员及时弹射逃生。这种低级错误竟然发生在以海洋文明起家的英国皇家海军身上，真的让人扼腕叹息。

想当年英国皇家海军特遣舰队万里南下杀向马岛，"海鹞"威震大西洋，"无敌"号航空母舰似乎梦回大英帝国鼎盛之时。再看如今，英国皇家海军因缩减军费开支，不但在2006年退役了"海鹞"战斗机，就连舰艇，甚至训练有素的海军官兵都被大量裁撤。今天的英国皇家海军再也不复当年之勇，那些在1588年格拉沃利讷海战中击败西班牙无敌舰队的英国皇家水手们，1941年千里追杀"俾斯麦"的勇士们连同那个沾满无数殖民国家鲜血和罪恶的大英帝国海军已经不复存在了，曾经的海洋霸主落寞了，已经被时代远远抛在脑后。

F-35明面上属于所谓的国际联合研制，实则还是以美国为主导、其余国家出资的政治行为。美国用一款战斗机掌控了一众盟友，拿到大把美元的同时，还操纵着各出资国的空中主导权，这是一笔合算的军火生意，"山姆大

F-35B 战斗机短距起飞姿态

叔"的算盘打得很响。

此外，首架非美国生产的F-35B出自意大利。意大利卡梅厂区是美国之外唯一有能力组装F-35B的工厂，计划组装30架F-35B和60架F-35A，还将为荷兰皇家空军组装29架F-35A，后续也将保留和发展组装F-35的能力，并交付其他欧洲F-35客户。2017年5月5日，一架象征着意大利国防部、莱昂纳多公司和洛克希德·马丁公司三方成功合作典范的F-35B顺利下线，这是第一架美国本土之外组装的F-35B。在下线仪式上，洛克希德·马丁公司F-35B项目副总裁威廉先生表示："意大利不仅是F-35B项目重要的合作伙伴，还达成了多项第一。同时意大利也是北约空中力量极其重要的一分子，F-35B将在数十年内为意大利提供先进的作战能力。"

意大利军事实力不俗，在冷战时期是美国坚定的盟友，1959年还部署过"木星"弹道导弹威胁苏联，整体实力不容小觑。意大利海军目前装备两艘航空母舰，分别是"加富尔"号和"加里波第"号，属于仅能搭载垂直/短距起降战斗机的轻型航母。"加里波第"号满载排水量仅14000余吨，可搭载12架F-35B，"加富尔"号略大，满载排水量27500吨，可搭载22架F-35B。两艘航母以19世纪的意大利英雄名字命名，加里波第、加富尔和马志尼被称为意大利建国三杰。我国著名改革家梁启超先生还著有《意大利建国三杰传》，讲述了三人的英雄事迹，可读性很强。不知道意大利海军是否有计划建造第三艘"马志尼"号航空母舰，若有计划，也将是世界军事装备史上的趣谈。

意大利、西班牙、英国等国家建造的航空母舰吨位较小，主要搭载垂直/短距起降舰载战斗机，即使英国"伊丽莎白女王"号已经60000余吨，但也还是选择了F-35B，意大利和西班牙等国那些小型航空母舰的吨位甚至不及大型两栖攻击舰。以上都是冷战结束后因世界战争格局形态的转变而产生的特殊舰艇，与其说是航空母舰，不如说是多用途巡洋舰。F-35B目前已经在美国大型两栖攻击舰上部署，其两栖攻击舰最多可搭载22架F-35B，并配合

F-35B 战斗机基本参数

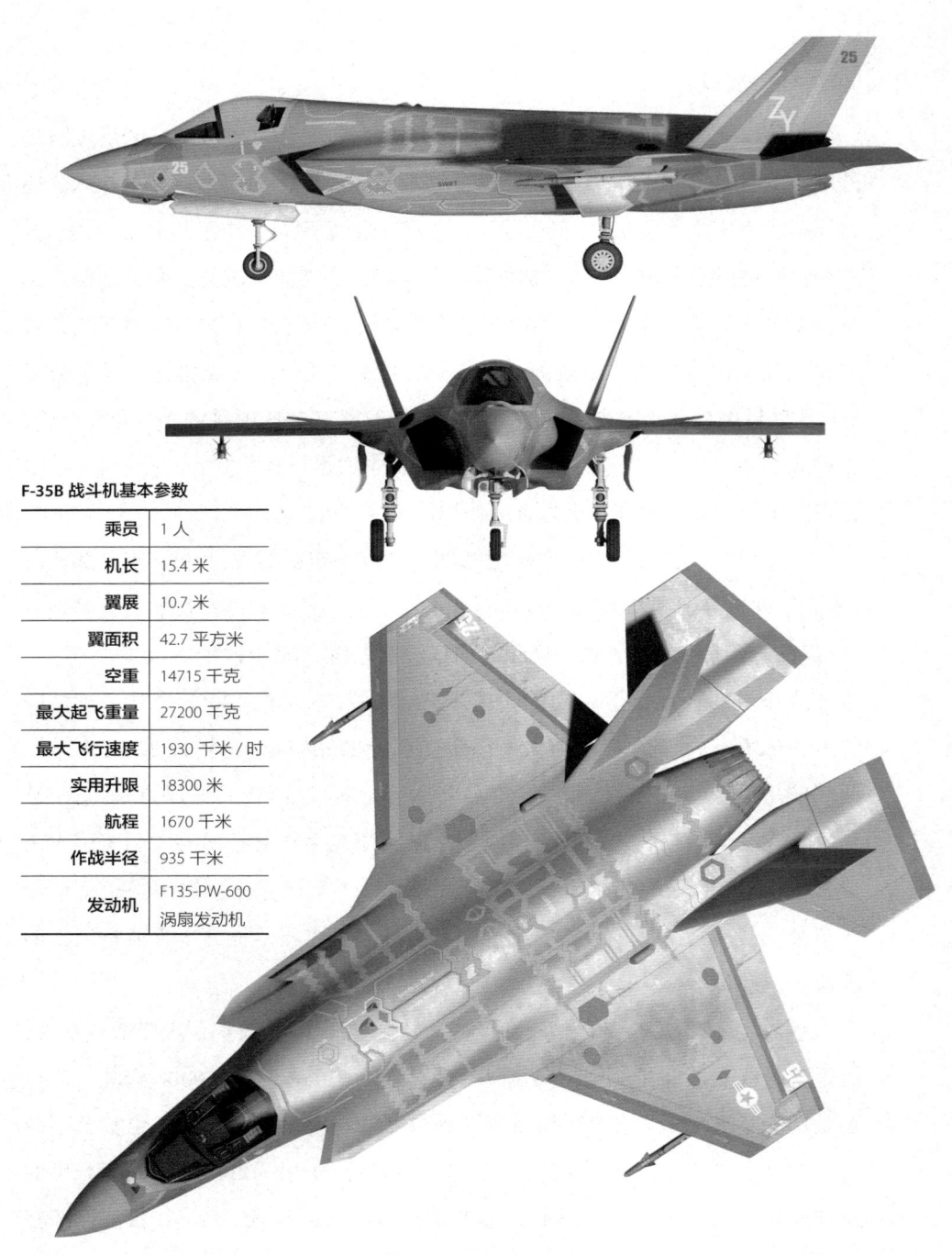

乘员	1 人
机长	15.4 米
翼展	10.7 米
翼面积	42.7 平方米
空重	14715 千克
最大起飞重量	27200 千克
最大飞行速度	1930 千米/时
实用升限	18300 米
航程	1670 千米
作战半径	935 千米
发动机	F135-PW-600 涡扇发动机

F-35B 战斗机外观图

V-22"鱼鹰"倾转旋翼机执行立体登陆任务,作战能力不容小觑。F-35B的作战能力比当初的"海鹞"强太多,势必成为美国及其盟友们的新宠,在未来相当长一段时间内将服务于一众使用国。

垂直起降战斗机的故事到此基本上可以告一段落了,当然,因篇幅有限无法列举全部。纵观历史,F-35B毫无疑问是当今世界垂直/短距起降战斗机之翘楚。从德国Triebflugel动力机翼到法国C.450,从康维尔XFY-1到德国VJ-101,还有"鹞"式和雅克系列,直至今日的"闪电Ⅱ",人类对非常规起降战斗机的追求孜孜不倦,历史的车轮滚滚向前,这些科技的诞生和成果都是人类共同的财富。

那些奇怪的飞行器
航空探索

05
蓝天奇景

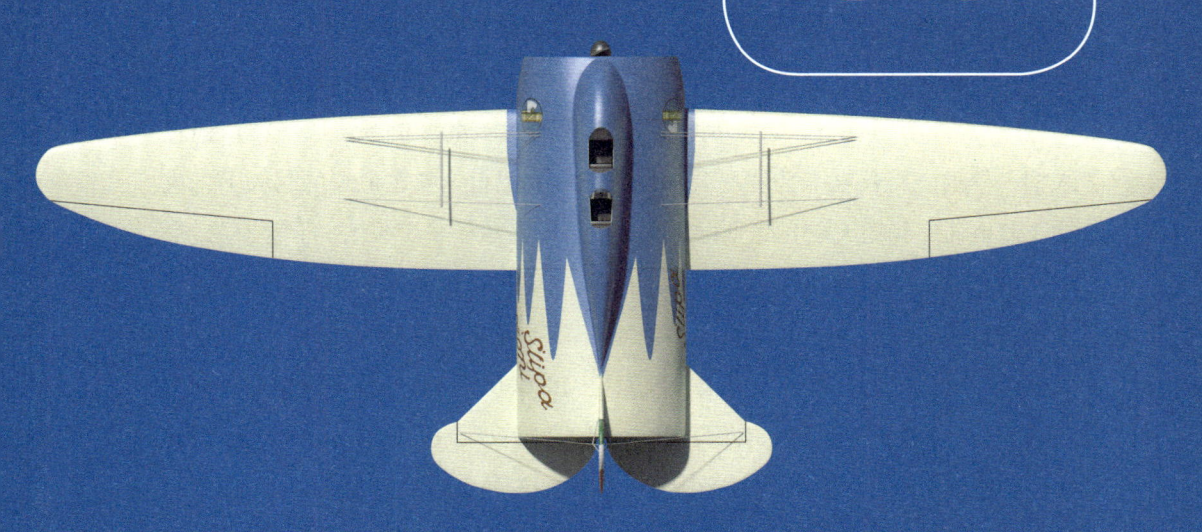

意大利"圆桶"

每当提到航空航天领域的研发强国，美、苏（俄）、英、法，甚至日本都会被一再提及，而意大利的航空工业发展和相关科技水平却被人们习惯性忽视。其实意大利在20世纪初曾创造了一系列令世人瞩目的航空技术成就。

1918年10月，意大利军队在维托里奥·维内托战役中击败了奥匈帝国军队，从而迫使奥匈帝国签署了停战协议，意大利成为协约国的胜利者之一。第一次世界大战结束，欧洲开始了和平的生活。各参战国的军事家和战略家在经过第一次世界大战的洗礼后，逐渐认识到科技的应用对现代化军队战斗力的提高具有决定性意义，于是开启了一场轰轰烈烈的军事科技进步浪潮。

1932年10月7日，意大利米兰东南近郊的塔里多机场，造型类似横置水桶一样的飞行器在卡普罗尼公司试飞员多梅尼科·安东尼尼的驾驶下，成功飞离地面，翱翔天空。此飞行器就是本节的主角——斯蒂帕·卡普罗尼。

"斯蒂帕·卡普罗尼"是一型结构创新的飞机，也是人类一个早期航空理论实践成果，更是那个并不被众多航空爱好者所推崇的意大利的一个科技探索成果。单从外形上看，该机很像前面提到的法国C.450，就像给螺旋桨动力装置的C.450插上了翅膀。美国P-40、英国"喷火"、德国BF-109和苏联拉-5等经典螺旋桨战斗机的布局较为常规，即使外形较奇特的德国BV-141那个非对称机身在"斯蒂帕·卡普罗尼"面前都显得比较"正常"，"斯蒂帕·卡普罗尼"与典型飞机的外形差别实在太过悬殊。"斯蒂帕·卡普罗尼"的发动机和螺旋桨整体被圆柱形机身包裹在内，且机身中空，单垂尾简单粗暴地直插在后，两侧为巨大的卵形机翼，外观看起来还有一点可爱。

意大利早期的航空发展水平较高，并非没有创新思路和前沿科技。就拿这个"水桶"的设计企业来说，该公司全名为米兰·卡普罗尼意大利公司㊀，由意大利著名航空设计师和企业家乔瓦尼·巴蒂斯塔·卡普罗尼于 1908 年创立，是意大利老牌航空设计制造企业。卡普罗尼曾设计制造了许多有趣的飞机，如卡普罗尼 60，又名 Ca.60，这是一型于 1921 年 2 月首飞的超大型民航客机。他对 Ca.60 的设想是可装载 100 名乘客，能直接飞越大西洋，在 20 世纪 20 年代，这绝对算得上是超级科技前沿项目。Ca.60 设计有 8 个发动机，3 重 3 翼，共由 9 个机翼组成，外观奇怪又雄伟，可惜在第二次试飞时坠毁了。还有一架非常著名的 Caproni Campini N.1 喷气式飞机验证机，又名 C.C.2，该机在 1940 年 8 月 27 日完成首飞，这在当时被认为是世界上首款喷气式飞机。随着更多资料逐渐被披露，令卡普罗尼失望的消息传来，德国在整整一年前的 1939 年 8 月 27 日试飞了 He-178V1 喷气式飞机，"世界第一"的头衔被"抢走"了。不知是不是冥冥之中注定，两个先后试飞的、对航空技术做出重大突破的飞机都在 1943 年的战火中损坏了，C.C.2 当时放置在意大利卡普罗尼工厂，战争中被盟军轰炸机炸毁，而 He-178V1 在德国柏林展出期间同样因盟军的轰炸而损毁。

卡普罗尼（左）

㊀ 乔瓦尼·巴蒂斯塔·卡普罗尼在 1908 年创立航空公司，该公司在 1910 年制造了意大利首架飞机 Ca.1，后期设计生产了各种类型的轰炸机、战斗机和科学验证机，第一次世界大战期间与意大利其他从事航空设计制造的企业合并，更名为米兰·卡普罗尼意大利公司。

"斯蒂帕·卡普罗尼"验证机

卡普罗尼公司在第二次世界大战之前设计制造的 Ca.161 双翼机，在 1937 年 5 月 8 日创造了 15655 米的活塞动力飞机飞行高度纪录，次年改进型号 Ca.161Bis 刷新了纪录，达到了 17083 米的高度，这个纪录一直被保持到 1995 年才由德国 Grob Strato 2C 验证机打破。参与喷气式验证机、多型轰炸机、大型民航客机等项目，都说明卡普罗尼是一家锐意进取、积极有为的意大利航空设计制造企业，名气虽然没有德国梅塞施密特或美国波音那般响亮，但卡普罗尼的航空设计制造水平确属一流。也许正是第一次世界大战的到来促成了卡普罗尼公司的发展，但第二次世界大战爆发之时，意大利却加入了轴心国阵营，卡普罗尼的命运也开始走下坡路。当然，这些与本书所述内容关系不大，这里就不过多占用篇幅介绍了，让我们继续回望那架水桶一样的"斯蒂帕·卡普罗尼"验证机。

"斯蒂帕·卡普罗尼"验证机由意大利著名飞机设计师路易基·斯蒂帕设计，斯蒂帕早在 20 世纪 20 年代就已经开始进行类似飞机的方向性研究。他认为如果将飞机动力系统完整地容纳在管道形飞机机身之内，可有效提高空气流速，从而改变飞行特性。根据伯努利定理，流体的速度随管道直径的减小而增加，斯蒂帕认为同样的原理也可以应用于气流的流动中，从而更有效地引导螺旋桨后的气流穿过机身。前方螺旋桨产生的扰动气流经过机身管道，机身管道又被设计为粗细不同的结构，这就产生了文丘里效应㊀。斯蒂帕花费好几年时间研究此想法，他还确定了螺旋桨的最佳形状、管状机身和螺旋桨前缘之间最有效的距离，以及螺旋桨旋转的最佳速度等，使用这种方式设计的飞机被斯蒂帕称为"管道飞机"。经过大量理论研究，意大利政府批准卡普罗尼于 1932 年制造一架原型机用于飞行测试，斯蒂帕也非常想验证"管道飞机"的飞行特性。

㊀ 文丘里效应：高速流动的流体附近会产生低压，从而产生吸附作用。对理想流体而言，产生的低压大小可以通过伯努利方程计算。

就这样，这架丑萌的"圆桶"于 1932 年 10 月 7 日，在卡普罗尼公司试飞员多梅尼科·安东尼尼的驾驶下成功首飞。飞机平稳落地后，安东尼尼对这架飞机的评价是：稳定，飞机飞行期间非常稳定，但稳定过度了。试飞员的报告中还提到，飞机因为管道式机身的特性，操纵力度需要非常大，以至于改变飞机飞行轨迹需要对操纵杆施加更多的力，过于稳定的状态实在不值得称道。这架飞机的飞行速度极低，其最高速度仅为 131 千米/时，起飞速度仅为 72 千米/时。

实践证明，管道式设计的机身虽然有效增加了气流流速，也大大降低了噪声，但螺旋桨受到的阻力增大，使得操纵异常困难，抵消了上述优势。这架飞机被认为是一件失败的作品。即使"斯蒂帕·卡普罗尼"验证机没有得到后续发展，但斯蒂帕本人还是在意大利、德国和美国将其研究成果申请了专利，他的这项奇特设计方案甚至被美国国家航空航天局（NASA）的前身美国国家航空咨询委员会（NACA）进行了深入的研究。第二次世界大战爆发后，斯蒂帕坚称喷气发动机的发展归功于他的设计，他还宣称德国 V-1 火箭发动机抄袭了他的专利设计，尽管该火箭使用了完全不同的设计。当然，涡轮风扇发动机的风扇确实跟管道飞机的总体思路大体一致，但要把涡轮风扇发动机的发明都归功于斯蒂帕，这种说法未免有些牵强。

1926 年 7 月，英国工程师格里菲斯发表了一篇关于压缩机和涡轮机的论文，但没有得到英国政府的积极响应。1929 年，英国航空工程师惠特尔设计出喷气发动机。根据他的设计，飞机发动机先将前面的空气吸入，再使之进入压缩机被压缩，之后在单管燃烧室内经喷油燃烧产生高压气体，这些高压气体驱动涡轮带动压气机，压力继续升高的气体从尾喷管高速喷出，这样就产生了比较强劲的推力。然而惠特尔的成就跟格里菲斯的论文一样，并没有得到英国政府和空军顽固派的支持，设计方案石沉大海。几年后，卡普罗尼向意大利军方推荐了一种喷气推进系统，结果也是无人问津。直至 1938 年，德国占领了奥地利和捷克斯洛伐克，这时喷气发动机的研发不再仅是几个国

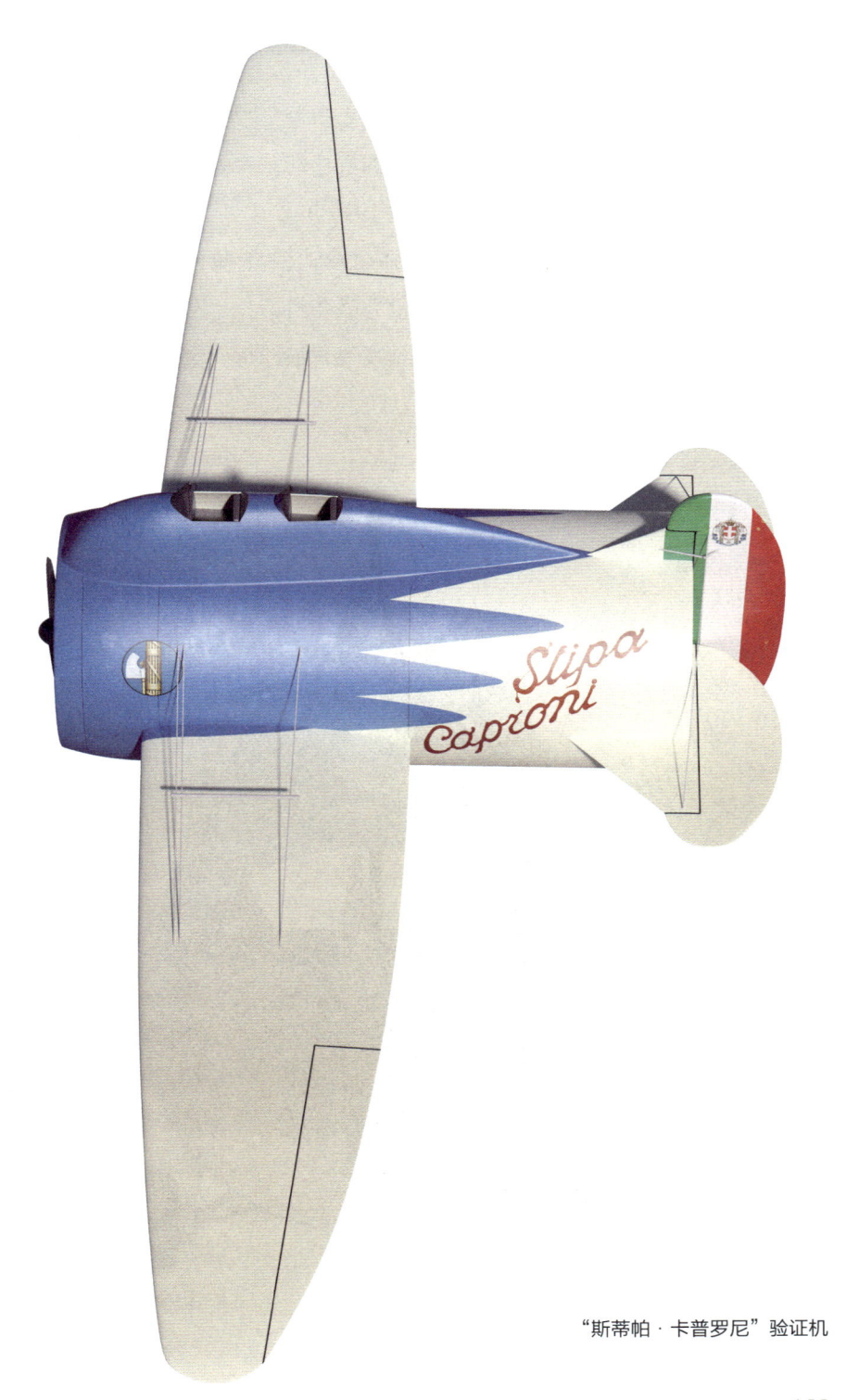

"斯蒂帕·卡普罗尼"验证机

家科学家之间的技术竞争，更是一场足以赢得制空权的技术革命和竞赛，谁先掌握了喷气发动机的技术，谁就可以拥有比活塞式螺旋桨飞机更先进的战斗机，谁就可以称霸天空，赢得战争。1939 年 8 月 27 日，就在德国入侵波兰 5 天前，世界上第一架喷气式飞机 He-178V1 飞上蓝天。这标志着德国在激烈的空中科技竞争中开始领先了，世界战斗机的技术革命已经开始。原本对惠特尔不屑一顾的英国军方也认识到喷气式战斗机巨大的速度优势，开始资助惠特尔继续开发自己的喷气式发动机。而卡普罗尼因为意大利的国家力

"斯蒂帕·卡普罗尼"验证机

05 —— 蓝天奇景

"斯蒂帕·卡普罗尼"验证机基本参数

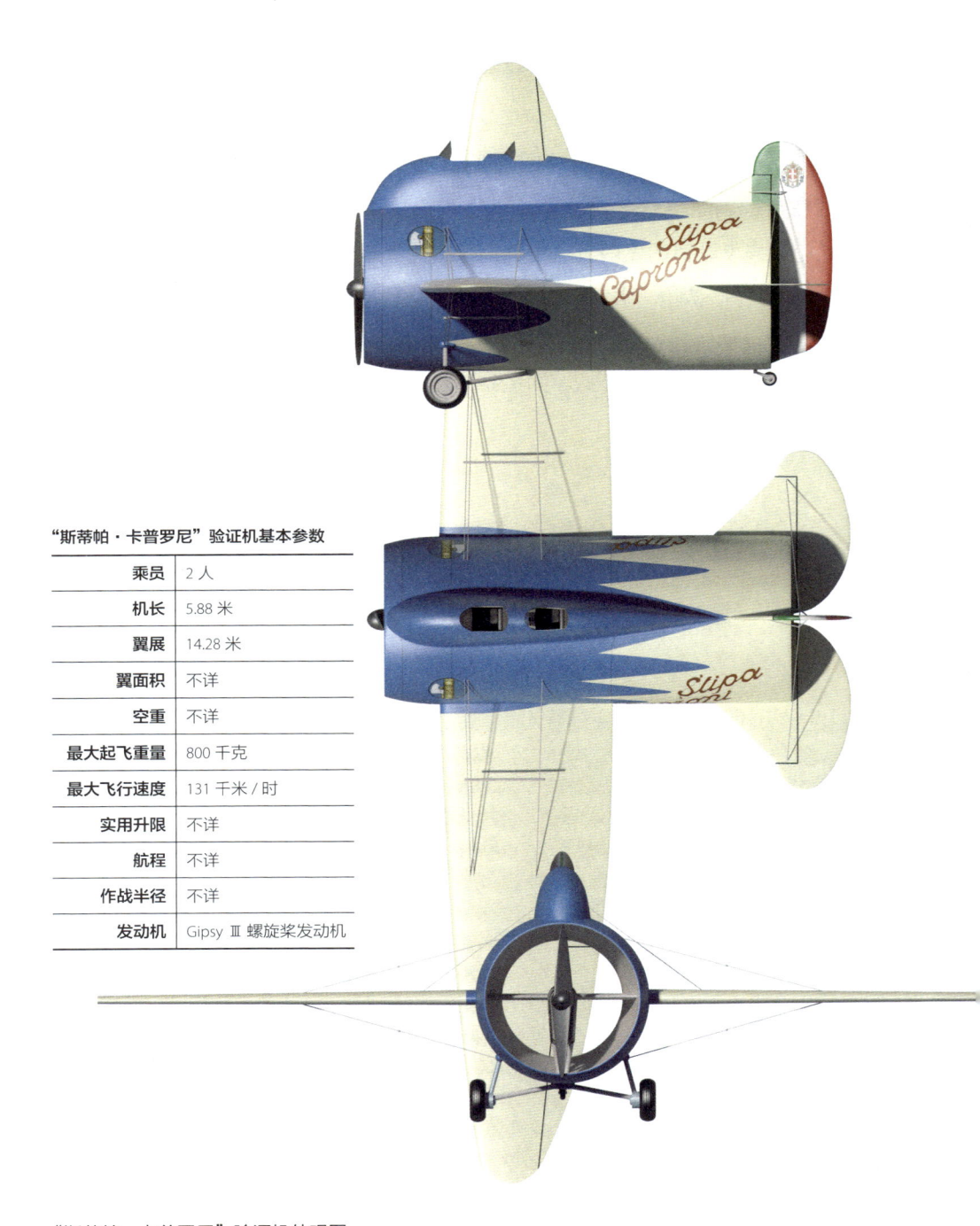

项目	参数
乘员	2 人
机长	5.88 米
翼展	14.28 米
翼面积	不详
空重	不详
最大起飞重量	800 千克
最大飞行速度	131 千米/时
实用升限	不详
航程	不详
作战半径	不详
发动机	Gipsy Ⅲ 螺旋桨发动机

"斯蒂帕·卡普罗尼"验证机外观图

157

量和资金不足以支撑其继续进行研究，在这场喷气发动机技术竞赛中退出了。

英国、德国和意大利均在第二次世界大战爆发前的短暂和平时期拿出过自己的喷气式飞机方案，但英国政府目光短浅，错失了取得先手的机会，意大利在与德国竞争后落败。卡普罗尼和斯蒂帕的成绩固然值得肯定和褒奖，但涡轮风扇发动机的发明者这个称谓是否为斯蒂帕所有，还有待商榷。

当然，"斯蒂帕·卡普罗尼"验证机绝对是航空史上一个独特的篇章，当我们回顾这架飞机时，仿佛回到了那个激情四射、创意无限的时代。它的诞生证明了人类对未知无尽探索的渴望，象征着不断开拓进取的勇气与决心。

圆翼传奇

说到固定翼飞机，从 20 世纪初期发展至今，人类航空科技人员已经达成共识：由发动机提供前进的推力，机翼提供必要的升力，飞机就这样开始了正常飞行。这个基本概念非常有效，几乎具有普遍性，从最不起眼的民用"塞斯纳"飞机到最先进的 F-22 战斗机，这一原则基本上都是成立的。

但总有一些不循规蹈矩而又富有冒险与探索精神的科学家们，试图打破这些约定俗成，他们在航空器的发展之路上留下了深刻的印记。正是因为对科学、对未知孜孜以求地探寻，那些以现代眼光看来反常规而又有其合理性的奇特飞机，在他们的努力下相继诞生了。

1929 年，美国联合飞机公司研制的 A-1"阿戈尔"型双翼机进行了首飞。这架飞机采用当时流行的双翼布局，开放式双座设计，使用一台 90 马力的"勇士"7 缸发动机作为动力装置。这架飞机在当时被用于私人飞行服务，在 20 世纪 20 年代末，这种飞行服务属于富人的玩具，虽然偶有国家租赁，但基本上还是靠有钱人的消遣活动来维持运营，而美国联合飞机公司的 A-1 飞机生不逢时，大萧条来了。1929 年到 1933 年，美国华尔街的股市暴跌到最低点，一场现代社会巨大的经济危机爆发了，这直接影响了未来几十年世界发展的格局与走向。经济大萧条加剧了贫困人口的增长，也催生了激进的民族主义思潮，更使无数企业破产倒闭。那场看似只存在于经济层面的大危机，实则扰乱了绝大多数制造企业的发展走势，导致美国航空业的大洗牌，一些知名航空企业难以为继，相继重组合并，甚至破产关门。比如美国著名航空企业麦克唐纳·道格拉斯飞机公司（1997年被波音公司收购）的创始人之一麦克唐纳先生，他就是在1929年的经济危机中破产，转投了其他公司。凡事有利有弊，也正是在那个特殊时期，美国北美航空公司抓住了时代的浪头，推出一系列拳头产品，拿下了较多的美国军方订单，开始蓬勃发展。而美国联合飞机公司在仅生产了20架A-1飞机后，1930年宣布破产。这时候，有一位发明家兼飞行员史蒂文·P·内梅斯先生十分看好A-1飞机，他之前一直担任飞行教练，对A-1飞机的飞行性能大加赞赏，由此他开始了一次奇特的创新之旅。

内梅斯是一个不甘于常规的探险家和发明家，更是知名飞行教练，因其飞行教练生涯而产生了一个想法：让更多人无须大量培训即可驾驶飞机。他从1929年开始研究可以让飞行变得更加简单的飞机，首先就是从机翼下手。他认为常规机翼都是平直的，需要大推力发动机才能达到足够的升力起飞，这种飞行方式对新手来讲非常不友好，一个新手需要掌握大量的相关知识，耗费大把时间才能进行初步飞行，成为老练的飞行精英更是难上加难。机翼的面积与形状桎梏是飞行的枷锁，内梅斯大胆创新，他反复计算和实验各种

"内梅斯飞伞"

类型的机翼，尤其对于大面积盘状机翼最感兴趣。之后，内梅斯和迈阿密大学进行合作，根据他对于盘状机翼的设想构建了一个飞机，这就是1934年开始测试飞行的"内梅斯飞伞"。

因为内梅斯偏爱A-1飞机，所以原型机就在A-1飞机的基础上进行了深度改造。A-1飞机原来的机翼被拆除，飞机上部安装了一个直径4.6米的盘状机翼，为了增加其稳定性，加装了多根结构柱以保证结构安全。"内梅斯飞伞"的测试是成功的，其最大飞行速度达到217千米/时，得益于巨大盘状机翼带来的升力加持，起飞距离仅需19米。最有意思的一项测试是将飞机的盘状机翼当作降落伞使用，这项测试结果表明，即使将发动机关闭，依靠自身失速速度降落也是安全可靠的，降落后仅需不到8米的滑行距离即可停住飞机。对于内梅斯来讲，这是一项革命性的成功，内梅斯开始大肆宣传他的"内梅斯飞伞"，并称这架飞机简单易学，容易上手，完全不懂飞行的人也可以在半小时内迅速掌握其飞行技巧，而且飞行安全能得到最大保证，可以做到万无一失。后期，为了进一步提高低速稳定性，内梅斯再一次对飞机进行了改造升级，盘状机翼下方加装了新的襟翼。尽管内梅斯对这架"内梅斯飞伞"寄予厚望，希望依靠其带来更多的经济回报和收益，但经济危机使大环境极度恶劣，人们在饥饿与死亡线上苦苦挣扎。相当一部分人因找不到工作而流离失所，富人变穷，穷人更穷，没人对这个奢侈的"玩具"感兴趣，"内梅斯飞伞"没有得到任何订单，这架创新机翼的飞机从此消失于江湖。

"内梅斯飞伞"属于小展弦比㊀机翼，盘状机翼设计虽然能让飞机在空中的飞行姿态相当稳定，却也带来了巨大的阻力。机翼产生升力时，其下表面气流压力大于上表面压力，因此气流会从机翼翼尖翻涌而上，形成翼尖涡流。翼尖涡流会产生诱导阻力，使得采用这种设计的飞机只能以极低的速度飞行，

㊀ 展弦比：飞机空气动力学专有名词。由于飞机在后掠翼发明前的翼面由上往下看都是呈长方形，所以有所谓的宽高比，也就是翼展和翼弦长（气流过机翼通过的长度）的比值，称为展弦比。

飞行距离也会大幅缩短。飞机增加了大量额外的阻力，速度过低，操纵亦笨拙，虽然稳定性较佳，但这种奇特的设计除了赚些噱头之外几乎毫无用处，在当时无人问津也是情理之中。"内梅斯飞伞"成功首飞后，这种盘状机翼设计并未能成为主流，小展弦比的"内梅斯飞伞"等于失败了，不过盘状机翼并没有从人们的视野中消失，甚至激发了更多人的联想。

1938年7月，德国莱比锡举行了德国首届飞机模型展，一个圆盘机身的飞机模型引起了德国空军军官乌德特的注意。当地居民萨克饶有兴致地向乌德特介绍自己的飞机模型，乌德特认为这种飞机具有成为侦察机和轰炸机的潜质，他开始支持萨克继续开发这种奇怪而又有新意的飞机。1939年2月，乌德特成为德国空军兵器生产总监，萨克在乌德特全方位的大力支持下，制造了4个模型，最后一个为原尺寸模型，被命名为AS-6V1。由于第二次世界大战爆发，绝大部分工业生产都被投入战争中，AS-6V1一直被搁置。直到1944年2月，AS-6V1原型机首次在莱比锡进行了滑跑测试，但在首次测试中就因方向舵问题导致飞机损坏。后期又进行了至少5次尝试，皆以失败告终。1944年夏天，AS-6V1因为发动机动力不足、起落架损坏等一系列问题被废弃了。因为AS-6V1奇特的造型，试飞员们给它起了个外号：飞行的啤酒垫。AS-6V1就是"内梅斯飞伞"的变化继承，虽然两国人员从未接触过，但对圆盘形状机身构件期望产生的效果是一致的——得到最大的升力。德国在战争期间研发了许多所谓"纳粹黑科技""末日高科技"的怪异军事装备，都是试图利用几件装备力挽狂澜，痴心妄想中还带有一丝狂热。AS-6V1与"内梅斯飞伞"都失败了，但圆盘飞机的故事还在继续，更加成熟可靠的"盘子"飞机兜兜转转又回到了美国，大名鼎鼎的V-173就要登场了。

— 蓝天奇景

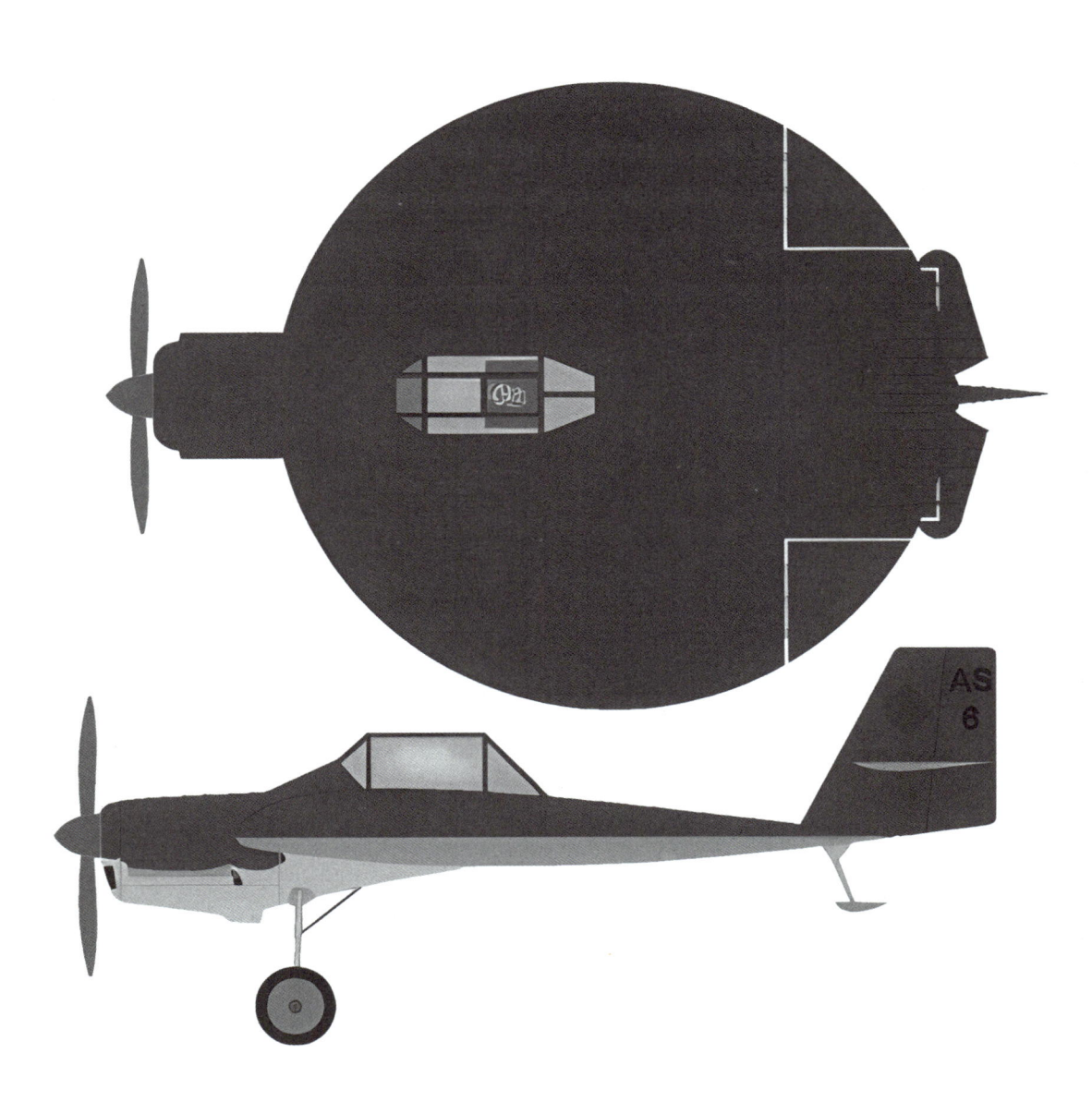

AS-6V1 的俯视图（上）和侧视图（下）

163

"飞行薄饼"

查尔斯·H. 齐默尔曼，美国著名航空工程师，他在20世纪30年代对圆盘状飞行器的热情丝毫不逊于内梅斯，齐默尔曼没有留下对这段历史的解释，但我们有理由相信他一定受到了"内梅斯飞伞"的启发与激励。圆盘状飞行器最大的优势就是超强的升力，这是常规飞机无论如何也无法企及的一项独门绝技。"内梅斯飞伞"的稳定性强，独特的机翼在失速后还可以充当降落伞，这都是摆在桌面上的优点。由于当时发动机马力不足，"内梅斯飞伞"速度非常慢，即使后期换装了马力更大的发动机也于事无补，巨大的飞行阻力是当时无法弥补的技术缺陷。笨拙的盘状飞机发展几经努力无果而终，但美国军方还是敏锐地捕捉到其强大的升力特性，更加疯狂的计划悄无声息地开展了。

查尔斯·齐默尔曼是美国的一位非常著名的非常规飞机和先进飞行器的航空设计师，他也是飞机稳定性、控制领域以及飞行动力学领域的专家。除了在航空领域的贡献外，齐默尔曼还加入了美国国家航空咨询委员会进行太空飞行计划的早期研究。他是美国历史上第一个载人航天计划"水星计划"[一]的参与者，并领导了美国垂直起降（VTOL）飞机的研究计划。

从1933年起，齐默尔曼就开始研究能够以极低速度起飞和着陆的飞机，从而降低飞机对跑道长度的需求，他经过大量的计算和风洞模型测试，证明

[一] 美国首个载人航天计划，原由美国空军主导，后由美国国家航空航天局（前身是美国国家航空咨询委员会）负责，该计划的目标是向太空发射搭载宇航员的航天器并安全返回。

XF5U

了盘状机翼可以在低速状态下产生比传统机翼更大的升力。1937年,齐默尔曼离开了他工作多年的知名航空研究机构——兰利研究中心,来到了飞机制造商沃特公司就职,在这里,他开始领导盘状技术验证机沃特V-173的研制工作。美国海军对V-173项目十分感兴趣,主要是因为其短距起降性能非常适合作为航母舰载机使用。V-173采用了非常独特的翼身融合体设计,机身由木头和帆布制成,并具有传统的完全对称的垂尾。在美国海军的大力支持下,V-173安装了两台80马力的发动机和F4U"海盗"战斗机上的螺旋桨,高大固定的主起落架与小尾轮相结合,使得停放在地面上的飞机具有45度的高仰角。

1942年11月23日,沃特公司首次在位于康涅狄格州的机场成功试飞了V-173,V-173的飞行测试一直进行到1943年,共进行了190次飞行。期间,在机场附近的居民多次目睹了V-173的飞行,因为其形状过于怪异而被居民误认为UFO的事情发生了好几回。曾经驾驶"圣路易斯精神"号飞机完成了人类第一次横跨大西洋飞行的著名飞行员查尔斯·林白也试飞了V-173,V-173表现出令人惊异的低速性能让他印象深刻。V-173的成功试飞验证了齐默尔曼对于垂直/短距起降飞机理论的可行性,他很快提出基于V-173的设计,将机体尺寸放大,改用全金属机身,这就是XF5U"飞行薄饼"。XF5U配备了两台1600马力的普惠R-2000发动机,与机身融为一体,左右对称布置,驱动机翼前缘两端伸出的巨大的四叶金属螺旋桨。如何对抗翼尖涡流带来的空气阻力,提升飞机的飞行速度与航程,是齐默尔曼团队从V173验证机阶段就一直在思考的问题。终于,齐默尔曼想到了一个巧妙的解决方法:让两个螺旋桨朝着翼尖涡流的流动方向进行反方向旋转。

"两个螺旋桨的转动方向正好和翼尖涡流的方向相反。左翼尖涡流是顺时针流动,那么左螺旋桨就是逆时针转。右翼尖涡流是逆时针流动,那么右螺旋桨就顺时针转,这样一来,螺旋桨的涡流削弱了原来很大的诱导阻力,盘状机翼小展弦比的缺点就被克服了。"——《圆形机翼如此重,如此轻》

XF5U

前文有述，飞机展弦比太小的话，不仅使航程缩短，飞机的机动性也会受到很大影响，这点在采用三角翼的米格-21上有明显体现。而XF5U经过齐默尔曼团队的一番操作之后，飞机的展弦比被显著增大了，巧妙地克服了盘状机翼先天的空气动力学缺点，让这似乎无法飞翔的"飞行薄饼"成为现实。齐默尔曼原本打算为XF5U设计卧姿驾驶的座舱，以保持飞机气动外形的流畅，最后在海军的强烈反对下还是决定采用常规座舱。齐默尔曼对XF5U的性能做了预估：在8500米的高度上，速度高达765千米/时，航程接近1700千米。不过，截至1948年项目取消，2架制造出来的原型机都未能进行真正的飞行测试，仅仅停留在地面测试阶段。

第二次世界大战期间，美国海军对XF5U的研制十分期待，给予了大量的资金支持。当时美国海军正因舰队频繁遭遇日本"神风特工队"自杀式袭击而感到头痛，由于大型舰队航母担负着"主攻手"的任务，美国海军希望用小型护航航母搭载的战斗机，在舰队上空前出巡逻警戒，降低日军"神风特工队"突防的概率。但是，F6F战斗机因为太重而无法在小型护航航母上起降，美军小型护航航母此时只能使用较为老旧的F4F作为舰载机。因此，海军对可以登上小型航母作战的XF5U予了很大期望。XF5U可以携带6挺12.7毫米机枪（可更换为4门20毫米机炮），两侧机翼各携带一枚重454千克的炸弹。重武装、高速、可短距起降、占用空间小，XF5U似乎是一型相当理想的舰载机。但在后续的地面测试中，沃特公司的工程师发现，由于气冷发动机内置在机体内，导致发动机很容易过热，虽然在机身前端有两个巨大的进气口，但也无法有效解决发动机过热的问题。随着战争的结束，以及速度更快、搭载武器更多的喷气式舰载机开始登场，美国海军失去了对"飞行薄饼"这种奇特的盘状机翼舰载机的需求，该项目于1949年3月终止。

XF5U已经制造出来的两架原型机被要求拆毁，由于机体十分坚固，沃特公司不得不找来挂着大铁球的机械将机体彻底锤烂。至于V-173的原型机，目前保存在位于美国得克萨斯州达拉斯市的飞行先驱者博物馆。

05 — 蓝天奇景

XF5U 外观图

上述几型使用盘状机翼或机身设计的飞机，最终都没有进入部队服役，这些盘状机翼或机身设计的飞机或因时代的局限性导致技术问题无法操作，或因更先进的喷气式飞机出现而终止。这并非盘状飞机的失败，而是时代的选择。大胆设计，勇敢飞行，激情和科学的结合，探索与求知的实践，无论如何，航空先驱们为航空飞行技术进步打下了坚实的基础，才使得现今越来越多的高技术战机翱翔天空。

结　语

人类对飞上蓝天的憧憬，使得飞机开始翱翔于广阔无垠的天空，探索未知更是众多航空先驱与科学家前进的动力，那些反常规的奇怪飞机多数都败于现实，但它们都是创新的成功者。

本书着重介绍了从莱特兄弟的"飞行者一号"至20世纪70年代的各式反常规飞机设计案例与故事，那些飞机的设计没有现代计算机辅助设计软件，没有科学精密的高级风洞，更没有机载计算机的辅助，都是靠机械操控，数字化飞控系统根本无从谈起。就是这样，一代又一代的航空先驱和科学家们前赴后继努力拼搏，设计制造出各式非常另类的飞机，至少从理论设计方面，其独特构思和大胆创意值得我们钦佩。飞行，并不总是安全顺利的，尤其一种从未测试过的新概念飞机首飞之时，成功与失败就在转瞬之间。第二次世界大战中的德国，为了暂缓战争的失败而研发的那些稀奇古怪的飞行器，虽然无法阻止末日的到来，但从技术角度上来说还是有些令人惊奇。沃尔夫动力机翼的设计独特而又另类，你无法想象当时德国设计师们是出于怎样的出发点，将冲压喷气发动机安排在外侧，从而带动类似直升机螺旋桨一样的机翼，这样的创意这在那个没有计算机模拟的时代非常难得。还有那个著名的"倒霉蛋"西贝尔，单程票的Ba-349以今天的眼光来看，就是一个会飞的木质破烂，但就是这么个破烂，也是一种技术上的探索。

本书着重强调战略轰炸对各国飞行器设计的巨大影响，各航空强国一直围绕着这个话题展开讨论与设计。机场与军事设施作为大型固定目标在战时

的生存力无疑是脆弱的，如何使战机顺利升空作战是各国空军急需解决的重大课题。在第二次世界大战末期的欧洲战场上，盟军持续大规模的战略轰炸，让世界各国意识到了陆地固定军事设施在战时是优先被打击的目标，能够顺利升空完成任务似乎只剩下了垂直/短距起降战斗机这一种选择。战后，无论法国的C.450还是德国的VJ-101系列，再到后来的英国"鹞"式和苏联雅克-38，一系列飞机的测试接踵而至，好似他们步调一致地放弃了大型机场，全面转向了垂直/短距起降的设计论证。但这只是一种选择，各国空军更多的精力还是投入到常规战斗机中，各国不会因为机场容易被打击就放弃了对前线机场的保护，他们更多的是想在尽力保护己方的同时，第一时间摧毁敌方的机场和基础设施。垂直/短距起降战斗机的研发更像是一种"双保险"，倘若本方机场被打击之后的备选方案。航空设计师们当然十分了解垂直/短距起降战斗机的优缺点，选择了垂直/短距起降就意味着减少了飞机的载油量和载弹量，机动性亦大幅损失。纵观历史，没有一个国家将垂直/短距起降战斗机当成绝对主力使用，更多的是灵活运用和作为备选方案。装备始终要服务于战略/战术的需要，在常规起降战斗机尚有力量对敌打击的时候，没有人将那些另类飞机当主角。

还有一个很重要的考虑就是政治环境。德国Ba-349在1945年德国投降时都没有进行过一次实战，美国XFV-12项目在制海舰概念废除后即终止，这里面有一定的技术问题，但导致项目流产的罪魁祸首是政治环境。没有德国即将覆灭的时局就没有Ba-349，没有冷战也不会出现XFV-12，更不会提出让人质疑的制海舰计划。第二次世界大战时，美国大量护航航空母舰的部署与使用让美国海军尝到了甜头，冷战期间面对华约军事集团的巨大压力，美国试图复制之前的基本路线。可今非昔比，喷气式飞机的设计、制造、维护、花费，甚至飞行员的培训都是螺旋桨飞机无法比拟的。制海舰的出发点就是错误的，不符合当时美国海军的发展，为了该计划而孕育出的一众设计方案走向终结，也并非完全出于技术原因。

有着"新自由主义与保守主义混血儿"之称的英国第四十九任首相,"铁娘子"撒切尔夫人,在1979年后积极推行新自由主义的右翼政策,表面上看确实对英国经济滑坡起到了一定的延缓,但极端私有化政策加剧,造成了深刻的社会矛盾。这一切导致英国无力重返所谓"大英帝国"之巅,国防建设投入减少,使得英国皇家海军财政紧缩。早在"皇家方舟"号大型航空母舰于1978年退役之时,英国皇家海军已呈现颓势,没有能力继续大型航空母舰的建造与部署,撒切尔夫人上台后更是进一步削减了英国国防预算。有种唯武器论的说法:正是因为"皇家方舟"号航空母舰的退役,阿根廷才有胆量挑战英国。当然,这只是民间的戏言,但却有一定的道理。弹射器从英国皇家海军航空母舰上消失后,垂直/短距起降的"海鹞"占据了英国皇家海军小型航空母舰的甲板,"英阿马岛战争"看似以英国的胜利告终,实则是以战争的形式宣告了"海鹞"的终结。

垂直/短距起降战斗机无论是从航空母舰起飞还是陆地起飞,本身的缺陷无法弥补,并非转换起降方式就可以屏蔽瑕疵。"海鹞"在"英阿马岛战争"之后碌碌无为,鲜有出彩机会,即使"外嫁"到了美国,麦道"鹞Ⅱ"最大的荣耀还是来自好莱坞电影《真实的谎言》。1991年"海湾战争"中,大量性能优异的常规起降战斗机称霸天空,AV-8B无论出动架次还是投弹量都不值得称道,仅仅是配角之中的龙套罢了。

当然,F-35B的出现还是让人眼前一亮,美国人已经尽力了,以目前人类科技发展水平,垂直/短距起降战斗机的性能极限也不过如此。

无论何种战机,无论哪个国家,也不管什么装备,军事装备只是政治环境与政治因素的表面化反映,装备始终要服务于国家政治需要,没有单纯的技术问题。貌似奇怪而又最终失败的飞机,只要政策有利,通过更多改进措施同样可以达到目的,这是毫无疑问的。比如F-35系列,从X-35到今天F-35的Block4改进型,这期间出现了无数的问题、故障、缺陷等,但几乎都在美国军方和制造商的共同努力下逐一解决,今天的F-35以更加成熟的姿态呈现

在世界面前，这就是政治因素左右的结果。美国在 F-35 面前无路可退，绝对无法承受失败，即使有问题也要全力解决，并非像 XFV-12 之类可以随手丢弃。

以上各型号战斗机或验证机，都不止表面上的失败，而是科学的实践。正是那些失败，才成就了今天的辉煌，正是昨天的垂头，才有了今天的阔步。未历坎坷荆棘，不知平坦之便。不知有汉，无论魏晋。

北宋著名词人柳永有这样一阕词，《鹤冲天·黄金榜上》：

黄金榜上，偶失龙头望。明代暂遗贤，如何向。未遂风云便，争不恣狂荡。何须论得丧？才子词人，自是白衣卿相。

烟花巷陌，依约丹青屏障。幸有意中人，堪寻访。且恁偎红倚翠，风流事、平生畅。青春都一饷。忍把浮名，换了浅斟低唱。

将这阕词送给那些"成功的失败"，送给那些未遂风云的"浮名"。

本书一直在回溯那些波澜壮阔的历史，但历史的重要推动者还是人。那么多奇怪的飞机，那么多新奇的创意，离不开勇敢的科学家和试飞员。当人们第一眼看到法国 C.450 那另类的造型和标新立异的设计之时，首先想到的不一定是这架飞机多怪，而是浮想出这样一个问题："这么古怪的东西，谁敢飞？"1957 年 12 月的某天，对于试飞员莫雷尔来说，一定是个不寻常的日子，他试飞的飞机已经不是一架单纯的验证机，也代表了各国试飞员大无畏的勇气。那个时代可没有计算机辅助设计和模拟飞行，也没有电传操纵系统，飞机的设计单纯靠工程师的计算和预估，飞行更是以命相搏。就算这样，还是有那么多勇敢的试飞员，义无反顾登上舷梯坐进驾驶舱，将那些困难抛之脑后奋力起飞。

1912 年 8 月 25 日，29 岁的中国年轻人冯如在广州燕塘飞行表演中不幸因飞机失事而牺牲，后被追授为陆军少将，遗体安葬在广州黄花岗，并立碑纪念，被尊为"中国首创飞行大家"，他是中国航空先驱和飞行英雄，他

冯如二号

中国飞机之父·冯如
1884.01.12 — 1912.08.25

中国航空飞行先驱：航空博物馆内冯如雕塑和"冯如二号"飞机复制品

的"冯如一号"飞机在1909年9月首飞成功，仅比莱特兄弟的"飞行者一号"晚了不到六年。1910年他再次对原设计方案进行改良，制造出第二架飞机，就在他胸怀锦绣准备回国进行飞行表演时，他和他的爱机一起陨落了。我国的航空工业在新中国成立之后得到大力发展，科技水平、设计队伍和试飞人才的培养建设都迈入世界一流行列。正是因为有了这些怀有一腔爱国之志的有为青年，前仆后继投入到国家航空工业的发展中来，才使得我国航空工业水平日新月异逐步强大。我相信，通过大力推动航空文化，向更多热爱、喜欢航空的有识之士们传播航空知识，通过科学培养人才队伍，提高航空科普工作的质量，让更多的人投身这个行业，我国航空发展水平一定会更上一层楼。

　　本书的创作得到了众多领导、师长、好友与同行的提携与帮助，这里要感谢成都立巢航空博物馆为本书提供大量翔实的历史资料，如蒙哥尔费气球还原模型及火龙出水等相关资料照片和历史典故，对于航空先驱的光辉历史和人类为实现飞天梦而进行的早期试验过程有了更深一步的了解。也要感谢各位朋友、院校、单位给予的大力支持。

　　奇奇怪怪的反常规战机还有非常多，本书篇幅有限无法一一呈现，将更多的航空趣闻和航空传奇与读者共飨是我始终不变的目标，期待今后再次与读者朋友们见面。